最酷！

从第一个山洞
到摩天大楼(上)

THE PICTURE HISTORY OF GREAT BUILDINGS

〔英〕吉莉安·克莱门茨 著

詹静雪 朱润萍 译

北京联合出版公司
Beijing United Publishing Co.,Ltd.

亲爱的小读者：

建筑，对你来说一定不陌生吧！你每天都会进出各种各样的建筑，比如你家住的房子、学校的校舍，以及其他公共场所。你在大都市里可以看到高耸的大楼，在乡村可以看到村舍。在旅行时，你还能见到不同于家乡的、独具地方特色的建筑。

雨果说，建筑是"用石头写成的史书"；歌德说，建筑是"凝固的音乐"。那么你觉得建筑是什么呢？你知道世界上的建筑有怎样的发展历史吗？那些闻名于世的非凡建筑是怎么来的呢？

很久很久以前，人类住在山洞里。后来，他们学会用天然的材料建造简陋的藏身之所，遮蔽酷日和风雨。几个世纪之后，以狩猎采集为生的先民们放弃游牧生活，开始建造房屋。城镇逐渐兴起，建筑就不再单纯是为了满足遮蔽风雨的基本需求了。掌握了卓越建筑技术的人们开始建造宏伟的纪念性建筑，比如古埃及的金字塔。

纵观历史，宗教和文化是一股强大的动力，推动建筑师和工程师创造出伟大的建筑。19 世纪以来，得益于新技术和新材料，建筑师们设计出了高耸入云、令人叹为观止的建筑。

那么，未来的建筑会是什么样的呢？未来将是绿色建筑的时代。绿色的居家和工作环境能够让我们与大自然和谐共处。

当你跟随《最酷！从第一个山洞到摩天大楼》穿越历史，参观了世界各地的著名建筑，并且了解了建筑背后的精彩故事后，你一定会对身边的建筑有一个全新的认识。说不定，你也会成为未来的建筑师呢！

目录 Contents

先民的家园……………………………… 02
远古时代

最早的城市……………………………… 06
公元前 5000 年

古代建筑遗迹…………………………… 10
公元前 4700 年～前 500 年

阶梯金字塔……………………………… 20
埃及／塞加拉／公元前 2667 年～前 2648 年

帕特农神庙……………………………… 24
希腊／雅典／公元前 447 年～前 438 年

罗马圆形竞技场………………………… 28
意大利／罗马／公元 70 年～82 年

圣索菲亚大教堂………………………… 32
土耳其／伊斯坦布尔／公元 532 年～537 年

科尔多瓦清真寺………………………… 36
西班牙／科尔多瓦／公元 785 年

吴哥窟…………………………………… 40
柬埔寨／暹粒／公元 12 世纪

罗马式建筑……………………………… 44
10 世纪～12 世纪

哥特式建筑························48
12 世纪～15 世纪

亚眠大教堂························52
法国 / 亚眠 /1220 年～1288 年

韦奇奥宫························56
意大利 / 佛罗伦萨 /1298 年～1322 年

意大利文艺复兴························60
13 世纪～16 世纪

圣彼得大教堂························68
梵蒂冈 /1506 年～1626 年

圆厅别墅························72
意大利 / 维琴察 /1552 年～1570 年

瓦西里升天大教堂························76
俄罗斯 / 莫斯科 /1553 年～1561 年

环球剧场························80
英国 / 伦敦 /1599 年

墨西哥金字塔························84
墨西哥 / 墨西哥城 /1325 年

巴洛克＆洛可可 ························92
16 世纪～17 世纪

圣彼得广场························ 100
梵蒂冈 /1656 年～1667 年

先民的家园

远古时代

　　远古时代，人们利用一切可以利用的材料搭建遮蔽居所，躲避恶劣天气。他们用木材、石头、泥土、芦苇，甚至动物的皮毛和骨头建造房屋。当然，如果他们足够幸运的话，还可以住在洞穴中。

因纽特人*的圆顶冰屋

北美洲人的圆锥形兽皮帐篷

凯尔特人*的圆形房屋

秘鲁人的湖滨芦苇草棚

格陵兰岛

不列颠群岛

北美洲

欧洲

阿拉伯半岛

沙特

南美洲

秘鲁

非洲

南非

西非人的泥屋

祖鲁人*的草屋

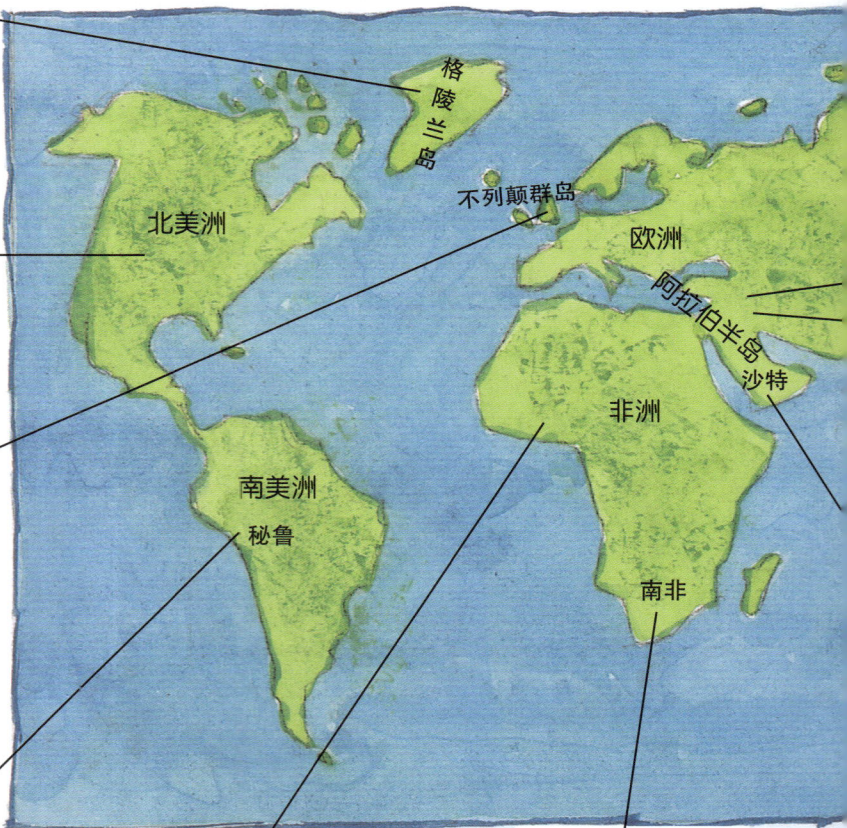

大约在 1.2 万年前，人们开始建造简易的居所。经过许多代人的改造，这些居所渐渐完善。时至今日，仍然有人追随祖先的脚步，建造类似他们祖先居住的房屋。

这是在法国南部地区洞穴壁上发现的壁画，有 1.5 万年的历史。

这是美索不达米亚平原*上，人们用沼泽地的芦苇搭建的小屋。

这种芦苇小屋在炎热的夏天十分凉快。

河泥经太阳晒干或者火烧后变成砖块。刷上灰泥或者石灰粉的砖块是一种理想的建筑材料。

蒙古高原
亚洲

马来西亚

新几内亚岛

澳大利亚

蒙古人的毛毡帐篷

阿拉伯人的沼泽芦苇屋

贝都因人*的帐篷

新几内亚人的树屋

沙特人的泥房子

马来西亚人的高脚楼

尼安德特人在围猎洞熊

5万~1万年前

晚期智人*居住在洞穴中，以打猎为生。这种生活方式使他们在第四纪冰川时期存活下来。

新石器时代的陶器

20万年前　　　　　　　　　　1万年前

15万年前

尼安德特人*用兽皮做衣服，居住在洞穴中。

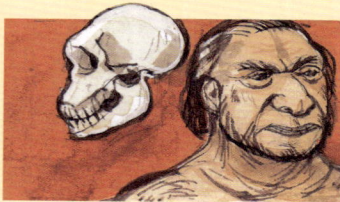

穴居生活

1万年前

第四纪冰川时期后，地球上形成了新的大陆。人类开始了农耕生活，进入新石器时代。

公元前 6000 年

人们利用轮子作为工具制作陶器，用铜而不是石头制作耐用的工具。

公元前 8000 年

死海附近的杰里科*形成了有 2000~3000 人的城镇。

公元前 8000 年

公元前 6000 年

因纽特人：是北极地区的土著民族，分布在从西伯利亚、阿拉斯加到格陵兰的北极圈内外。

凯尔特人：公元前 2000 年活动在中欧的一些有着共同文化和语言特质的有亲缘关系的民族的统称。

祖鲁人：南部非洲民族之一，亦称"阿马祖鲁人"。

贝都因人：是以民族部落为基本单位在沙漠旷野过游牧生活的阿拉伯人。主要分布在西亚和北非广阔的沙漠和荒原地带。

美索不达米亚平原：一片位于底格里斯河及幼发拉底河之间的冲积平原，现今的伊拉克境内，那里是古代四大文明的发源地之一。

尼安德特人：因其骸骨化石发现于德国尼安德特河谷的一个山洞而得名。尼安德特人是现代欧洲人祖先的近亲。

晚期智人：又称新人，是一类生活在距今 5 万年至 1 万年的古人类（距今 1 万年以来的人类称为现代人）。

杰里科：约旦河西岸的一个城市，位于耶路撒冷以北，是一个拥有超过三千年历史的古城。根据考古发现，早在一万一千年前就已经有人类在那里居住了。

最早的城市

追溯至公元前 5000 年

杰里科的厚石墙建造于 9000 多年前。城墙内是一个大约有 2000~3000 人口的城镇。在古城的遗址内，人们发现了这个被黏土覆盖的头骨。

位于今天土耳其的加泰土丘大约有 8000 年历史。它也是已知人类最古老的定居点之一。一条河穿过土丘中间。加泰土丘的冲积土壤促进了早期农业的发展。

这幅壁画描绘了猎人围困一头身形庞大的红牛的场景。这样的壁画是用来装饰特别的宗教场所的。

远古时代，人们选择在气候宜人、土地肥沃的地方耕种。他们种植粮食，不再靠打猎为生。在这些农作物种植区域，粮食充足，于是一些村民不再忙于躬耕，有闲暇学习手工艺，甚至建造房屋。世界上最早的房屋出现了。世界上第一批城市的产生过程被称为"城市革命"*。这一现象普遍发生在 5000 多年前的尼罗河三角洲*以及底格里斯河－幼发拉底河两河流域*。数以千计的人开始在新的等级制度下生活。这种等级制度把统治家族置于顶层，劳动人民和奴隶处于底层。

杰里科古城

世界上许多伟大的古城都诞生在河谷地带。杰里科古城是世界上最早的城市之一。杰里科古城的厚石墙可以追溯到数千年前的新石器时代。当时，人们刚开始过定居和耕作的生活。便利的水源供给对人类的生存至关重要。

最早的城市通常建有坚硬的石墙，用来保护城内的房屋。城门由士兵守卫，入夜或者遭受外敌攻击时，城门会被关闭。城门入口处常有摊贩，吸引进出城门的顾客。

城墙之内的生活安逸，于是人们开始书写文字、研究科学和天文，甚至建造气势恢宏的寺庙和宫殿。

亚述古城遗址

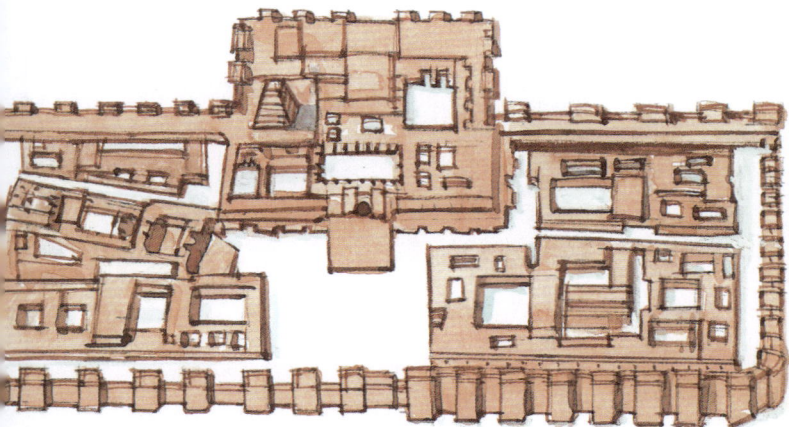

亚述古城（始建于公元前 3000 年）
固若金汤的城池内建有寺庙和宫殿。

大多数城市社会划分了不同的阶层

统治家族

牧师

贵族

重要公民

商人和手工业者

劳动人民和奴隶

加泰土丘出土的著名
雕塑《大地女神》

公元前 5000 年

埃及和美索不达米亚平原上的农民用
河水灌溉田地。

约公元前 6000 年	公元前 5000 年

约公元前 6000 年

加泰土丘古城是由泥砖建成的。这些平顶
房子的间距很窄，邻里往来的途径其实就
是飞檐走壁。

尼罗河两岸的农田风光

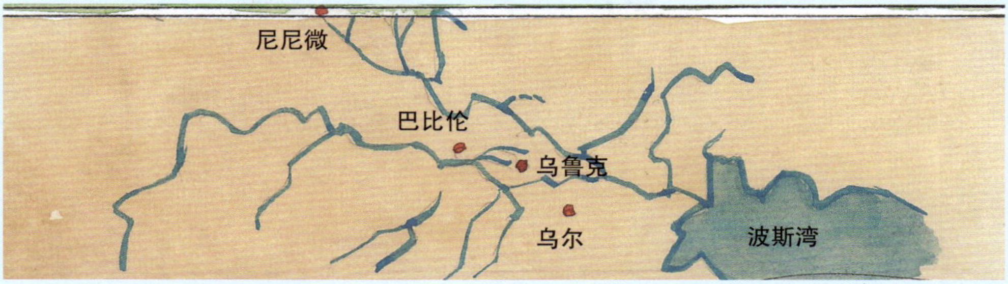

公元前 3000 年

世界不同地区分别出现了城市，例如中东地区的乌尔*、乌鲁克*、巴比伦*、尼尼微*。

公元前
3000 年

城市革命：人类学和考古学上所说的人类社会进化过程，即由以亲属关系为基础的无文字的小型农村发展为社会结构复杂，进入文明的大型都市中心的过程。

尼罗河三角洲：由尼罗河干流进入埃及北部后在开罗附近散开汇入地中海形成的三角洲。它是世界上最大的三角洲之一。尼罗河三角洲土地肥沃，人口密集，是古埃及文明的发源地。

两河流域：即美索不达米亚，底格里斯与幼发拉底两河的中下游地区。

乌尔：古代两河流域南部地区的一个苏美尔人城邦。其他较有名的苏美尔人城邦有埃利都、基什、拉格什、乌鲁克和尼普尔。

乌鲁克：美索不达米亚西南部苏美尔人的古城名，位于美索不达米亚南部幼发拉底河下游右岸，今伊拉克境内。

巴比伦：位于美索不达米亚平原，大致在当今的伊拉克版图内。在距今约 5000 年前左右，这里的人们建立了国家，到公元前 18 世纪，这里出现了古巴比伦王国。

尼尼微：西亚古城，新亚述帝国都城。位于底格里斯河上游东岸今伊拉克摩苏尔附近。

古代建筑遗迹
公元前 4700 年 ~ 前 500 年

苏美尔人*和埃及人最早建造了大型纪念性建筑。这些用砖和石头所建的建筑是为了万世永存，也为了彰显神灵和帝王的力量。

欧洲史前建筑

呈圆形或直线排列的巨石巧妙地矗立在欧洲西部各地，从瑞典、马耳他*到不列颠群岛都能找到巨石的踪迹。建造巨石阵的目的至今仍是一个谜团，但是巨石阵一定是石器时代人们的杰作。当时的人们被编成庞大的队伍。他们拖着巨石长途跋涉、翻山越岭，然后将巨石竖立在欧洲西部。

① 巨石阵

巨石阵的规模在几个世纪之内不断扩大，形成令人叹为观止的石圈。巨大的外圈砂岩块重达 40 吨，内圈的青石是从 240 千米远的威尔士运到索尔兹伯里平原的。巨石阵的主轴线、通往石柱的古道和夏至日早晨初升的太阳在同一条线；另外，其中还有两块石头的连线指向冬至日落的方向。巨石阵很有可能是为了观测天象所建的。巨石阵附近，人们又发现了一座墓地。因此人们又推测，巨石阵是古人朝拜和祭祀的场所。

巨石阵遗址

② 大不列颠
①

卡纳克

法国

意大利

罗马

西班牙

希腊

③

克里特岛

地中海

② 哈德良长城

哈德良长城建于公元 122 年左右。当时的罗马帝国盛极一时。古罗马皇帝哈德良下令在帝国边界的不列颠尼亚*建造巨大的石墙。哈德良长城横亘于古罗马领土和苏格兰之间，既是一道庞大的防御工事，又是边境贸易的前沿。

古罗马

公元 1 世纪~2 世纪是罗马帝国的强盛时期。罗马人征服了地中海周边国家，甚至攻占了小亚细亚*。自奥古斯都大帝*（公元前 63 年~公元 14 年）以来的历任罗马皇帝都在帝国范围内大兴土木，建造罗马风格的建筑。古罗马人用石头、砖块、火山岩、陶瓦和混凝土建造宏伟的宫殿、神庙、长城等建筑。混凝土是一项伟大的发明。古罗马人用它建造拱门、拱顶和圆顶。

哈德良长城遗址

11

古希腊和克里特岛*

创造了米诺斯宫殿*和神话牛头怪的克里特文明（公元前3000年～前1450年），是古希腊文明的早期表现。后来，大约在公元前2000年，古希腊文明在迈锡尼*有了新的发展，开始建造宫殿和皇家陵墓。大约在公元前580年，像雅典这样的大城市建造起庄严宏伟的寺庙和剧院。

③ "阿伽门农*墓"

（或称"阿特柔斯宝库"）位于迈锡尼，是一个13米高、蜂窝状的墓穴。墓穴位于地下，但有一条走廊通向山坡。

"阿伽门农墓"，公元前14世纪

黑海

里海

底格里斯河

幼发拉底河

④

⑤
⑥

⑦

⑧

埃及

波斯湾

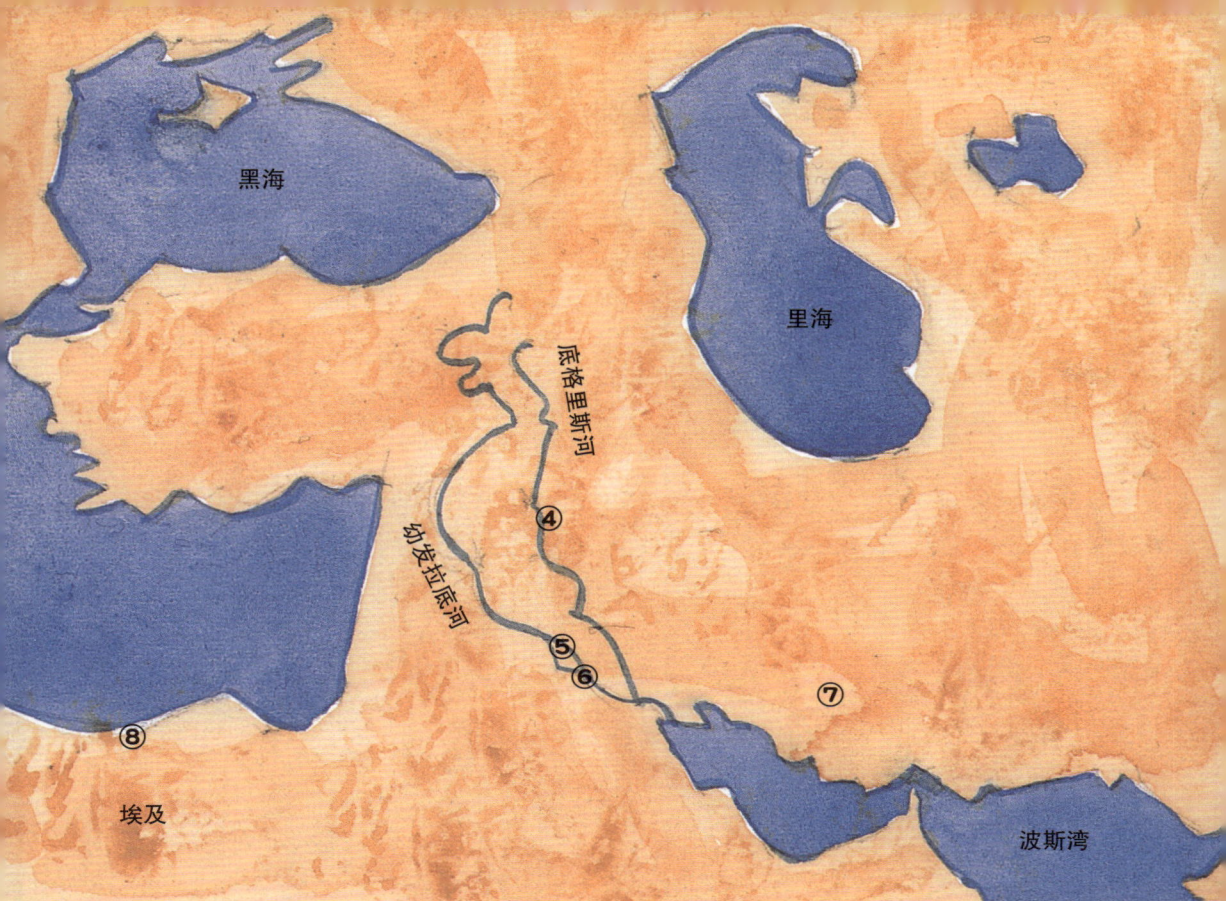

亚述（公元前 2000 年～前 605 年）

亚述王国的边界从波斯湾一直延伸到地中海和黑海。勇猛的亚述人生活在美索不达米亚平原北部的底格里斯河边。他们的军队打败了强大的叙利亚、巴比伦、埃兰、腓尼基的军队，从而建立了当时世界上最大的帝国。

④亚述的金字形神塔

公元前 3000 年至公元前 500 年，美索不达米亚平原上所有强大的城邦都建造了金字塔。亚述人在他们的首都亚述城，建造了三座金字塔。金字塔的墙壁非常厚实，以此弥补土砖的脆弱。另外，塔顶建成了锥形，粉刷有白石灰或者饰有浮雕。

亚述持矛者，公元前 8 世纪

美索不达米亚

苏美尔人在类似乌鲁克这样的城市，将阶梯形金字塔建在人造的阶梯形山丘上。寺庙位于最高处。阿卡德王国*的萨尔贡大帝*在公元前2371年~前2316年征服了苏美尔人。

⑤乌鲁克神庙

乌鲁克的神庙建在城中央的高台之上。这种建在平台之上的神庙是后来巴别通天塔的前身。

巴比伦

巴比伦在幼发拉底河边矗立了两千年后，在公元前600年达到了鼎盛，成为一个伟大帝国的中心。国王尼布甲尼撒二世*加固了巴比伦的城防，建造了著名的空中花园，使巴比伦成为美索不达米亚平原上最美丽的城市之一，以及贸易和文化中心。

尼布甲尼撒二世统治下的巴比伦城，复原草图

⑥巴别塔

这座7层楼高的螺旋状金字形神塔，顶部堆砌着蓝釉砖块，坐落于一个90米高的方形地基上。

《巴别塔》，彼得·勃鲁盖尔绘，16世纪

波斯

波斯帝国征服了巴比伦、安纳托尼亚、巴勒斯坦，甚至埃及和印度的一部分后，大流士一世*征集了来自亚述、埃及、希腊和巴比伦的工匠，在波斯波利斯建造了一座独具波斯风情的宫殿。

位于波斯波利斯的大流士一世的私人宫殿

⑦ 波斯波利斯的百柱厅

百柱厅建于公元前 518 年，是用彩色釉面砖建造而成的。大厅的彩绘木制天花板由上百根木柱支撑。

古埃及

埃及王朝的第一位法老美尼斯在约公元前 3100 年，使整个埃及初步统一，开创了古埃及的第一王朝。法老自称是神的化身。他们死后埋葬的金字塔象征着他们在来世依然享受至高无上的皇权。

⑧ 大金字塔和狮身人面像

胡夫金字塔、哈夫拉金字塔和孟考拉金字塔，一般统称为大金字塔。其中以胡夫金字塔最为著名。胡夫金字塔原高 146.59 米。墓穴居于金字塔中央，高 70 米。花岗岩石棺置于花岗岩墓穴正中央。

胡夫金字塔和狮身人面像

15

公元前 3200 年

乌鲁克的白庙是用石头、砖瓦建成的。它的名字来自于寺庙外面一层起保护作用的白色石灰粉。

| 公元前 4700 年 | 公元前 3200 年 |

公元前 4700 年

在布列塔尼的卡纳克，西欧人开始竖立具有宗教意义的纪念石块。

乌鲁克伊南娜神庙的正面

公元前 3200 年 ~ 前 2400 年

简单的砖石砌成的墓穴（或称石室坟墓）在埃及孟菲斯出现。孟菲斯当时是埃及的首都、埃及古王国时期的政治中心。

**公元前
2400 年**

苏美尔人：历史上两河流域早期的定居民族，他们所建立的苏美尔文明是整个美索不达米亚文明中最早的文明。

马耳他：位于地中海中部的岛国，由地中海中的一些岛屿组成。

小亚细亚：即安纳托利亚，是亚洲西南部的一个半岛，位于黑海和地中海之间。

奥古斯都大帝：即盖乌斯·屋大维，罗马帝国的开国君主，元首政制的创始人，统治罗马长达 43 年。公元前 1 世纪，他平息了企图分裂罗马共和国的内战，被元老院赐封为"奥古斯都"。

不列颠尼亚：罗马帝国对于大不列颠岛的拉丁文称呼，也是罗马帝国建立的不列颠尼亚行省的名称。

公元前 600 年

尼布甲尼撒二世下令建造的巴比伦空中花园。

公元前
1500 年

公元前
600 年

公元前 1500 年 ~ 前 1100 年

迈锡尼人在希腊建筑的防御工事。

巴比伦《空中花园》，复原草图

公元前 500 年 ～ 前 300 年

大流士一世下令在波斯帝国的新首都波斯波利斯建造的宫殿。

克里特岛： 希腊的第一大岛，位于地中海北部。克里特岛是爱琴海最南面的皇冠，它是诸多希腊神话的源地。

米诺斯宫殿： 希腊神话中的宫殿。

迈锡尼： 位于希腊伯罗奔尼撒半岛上的一座爱琴文明的城市。它是《荷马史诗》中小亚细亚人的都城，由珀耳修斯所建，在特洛伊战争时期由阿伽门农统治。

阿伽门农： 希腊迈锡尼国王，希腊诸王之王，阿特柔斯之子。

尼布甲尼撒二世： 新巴比伦王国国王，王国开创者那波帕拉萨之子。公元前598年、公元前587年两度亲征犹太王国，尼布甲尼撒二世时期是新巴比伦的繁盛时代。

阿卡德王国： 古代西亚两河流域南部塞姆语系的阿卡德人奴隶制国家。统治区域位于美索不达米亚南部。

萨尔贡大帝： 公元前24世纪阿卡德帝国的开创者，杰出的军事统帅。

大流士一世： 波斯帝国君主，（公元前522年～前486年），出身于阿契美尼德家族支系。大流士不仅是波斯帝国的伟大君主，也是世界历史上的著名政治家之一。

19

阶梯金字塔

埃及 / 塞加拉 / 约建于公元前 2667 年 ~ 前 2648 年

伊姆霍特普*

伊姆霍特普设计的阶梯金字塔是用石头建造的，以求万世永存，而且它比早期的泥砖石室坟墓更加坚固。

工头将成千上万的劳工编成小组。他们用铜凿子从坚硬的岩层中凿出石灰石块，然后把沉重的石块拖上斜坡。接着，由熟练的工匠打磨石块，确保每一块石头都一样平整。工匠使用的工具极其精细。打磨后的石块之间只留有细微的缝隙，可用砂浆填满。

金字塔是世界上最早的石头建筑。左塞尔*金字塔坐落在尼罗河边的塞加拉，气势磅礴，高达 60 米。设计金字塔的是伊姆霍特普。他是历史上第一位为人所知的建筑师。这座金字塔是为法老*左塞尔建的。伊姆霍特普将法老死后藏身的墓室安置在宏伟的金字塔之下的地底深处。隐秘的墓室中藏有法老的木乃伊*和法老来世所需的财宝。古埃及人认为这些财宝永远属于死后永生的法老，是不应该被盗墓贼盗取的。

和吉萨*附近其他几座著名的金字塔一样，左塞尔金字塔的方向设置极为精确。古埃及人夜观星象后，将金字塔的四个底边分别朝向正东、正西、正南、正北。

法老左塞尔

法老左塞尔位于塞加拉的阶梯金字塔

吉萨
塞加拉
孟菲斯

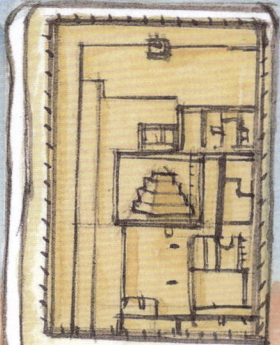

埃及木乃伊

塞加拉地区寺庙、坟墓密布，是法老及其家族成员死后的埋葬和藏宝之地。其中，伊姆霍特普设计的阶梯金字塔独具特色。塞加拉地区也是皇室葬礼的举行地。

乌鲁克考古发掘遗址

约公元前 2500 年

工人们使用简单的绳索和杠杆，将装载着岩石的雪橇沿着斜坡拖拽上去，建成金字塔。

公元前
3000 年

公元前
2500 年

公元前 3000 年 ~ 前 2500 年

拥有 900 座塔楼的乌鲁克长城。

吉萨的金字塔群

公元前 1250 年

埃及卡纳克建起一座献给阿蒙神*的神庙。

约公元前 1900 年~前 1500 年

米诺斯人在克里特岛上建造了著名的克诺索斯王宫。

公元前 1900 年	公元前 1250 年

克诺索斯王宫王后宝座及室内壁画

卡纳克神庙

伊姆霍特普：埃及第三王朝最有作为的法老左塞尔身边的权臣。他帮助法老管理国家，相当于宰相。他同时也是祭司、作家、医生和埃及天文学以及建筑学的奠基人。

左塞尔：古埃及第三王朝的法老，在位时间大概是公元前 2780 年~前 2760 年。

法老：古埃及国王的尊称。

木乃伊：在人工防腐情况下或自然条件下可以长久保存的尸体。

吉萨：埃及第三大城市，在尼罗河的下游左岸，同首都开罗隔河相望。

阿蒙神：埃及人认为的万物创造者。阿蒙神被埃及人称为"众神之王"。

帕特农神庙

希腊 / 雅典 / 公元前 447 年 ~ 前 438 年

建筑师在设计神庙时，利用了视觉错觉。柱子略向内倾斜，且间距不同，但看起来是笔直且分布均匀的。看上去非常平坦的地基其实略向上凸起。

帕特农神庙只是阿克罗波利斯（或称雅典卫城）这个神圣建筑群的一部分。爬上易于防守的陡峭山丘，穿过入口大门，就可以到达卫城。卫城内有神庙和雕塑。

建造卫城时，人们利用坡道和起重机将石头放置到合适的位置。石块本身的重力以及金属夹子的固定使这些石头牢牢地垒在一起。

希腊
●雅典

帕特农神庙

这座令人叹为观止的大理石神庙的建造仅花了九年时间。雅典著名政治家伯里克利下令建造神庙，供奉希腊智慧女神——雅典娜。希腊神庙是供人们膜拜神祇的地方。柱子、楣梁*以及大块横木结构的屋檐是希腊神庙的典型特征。帕特农神庙凭借优美的设计和宏伟的选址而与众不同。建筑师无比精确地设计了每一个细节，让最终成形的神庙成为一件完美的艺术品。帕特农神庙的两端各有 8 根柱子，两侧各有 17 根柱子。所有柱子矗立在三级石阶上，石阶是整个建筑的地基平台。雅典娜神庙原本色彩丰富，到处都是雕塑。神庙内原有用黄金、象牙雕刻而成的雅典娜雕像。檐壁*、山形墙*上的装饰精美绝伦。

今天的帕特农神庙已是一片废墟。18 世纪时，神庙被用来储存火药，结果火药爆炸，炸掉了屋顶。中楣*上的许多雕塑也遭损毁，被卖给了一个名叫埃尔金勋爵的英国外交官，所以今天你可以在伦敦大英博物馆看到帕特农神庙上的雕塑。

希腊人给神庙圆柱设计了具有特殊风格的柱头。

陶立克式柱头
风格简单，柱头由单一石块雕刻而成。

爱奥尼亚式柱头
一种发源于爱奥尼亚海岸的风格，比陶立克式柱头更具有装饰性。

科林斯式柱头
在爱奥尼亚式风格的基础上，用毛茛叶作装饰，精致美观。

25

伊什塔尔门，复原模型

约公元前 270 年

古希腊著名建筑师狄诺克拉底和古希腊的工程师们建造了埃及的亚历山大港，以及位于尼罗河河口、法洛斯岛上的亚历山大灯塔。这座灯塔被誉为世界古代七大奇观之一。

公元前 600 年　　　　　公元前 270 年

约公元前 600 年

在巴比伦城，国王尼布甲尼撒二世用蓝色釉面砖，建造了恢宏壮丽的伊什塔尔大门。

亚历山大灯塔，复原图

公元前 210 年

中国的秦始皇统治着刚刚统一的中国。为了抵御匈奴的入侵，他下令在中国北方边界修建了一条长达 6000 千米的长城。

**公元前
210 年**

北京郊外的长城

楣梁：房屋的次梁。
檐壁：上横梁中在框橼和额板之间简易或有装饰的水平部位。
山形墙：形成三角形屋面结构的墙体。
中楣：屋顶也分几层，各个柱顶由楣梁连接，安在楣梁上的是中楣。

罗马圆形竞技场

意大利／罗马／公元 70 年～82 年

维斯巴芗*皇帝
（公元 9 年～79 年）

　　公元 72 年至 82 年，古罗马杰出的建筑师建造了近乎完美的圆形竞技场。今天这座竞技场的遗迹仍然矗立在原址上，成为现代体育场的典范。公元 72 年，维斯帕西亚努斯皇帝下令建造竞技场。经过十年的艰苦努力，罗马人完成了这项伟大的工程。竞技场的外墙有三层，每层由拱门或拱廊组成。这些拱门、拱廊两侧装饰有陶立克式、爱奥尼亚式、科林斯式柱头。

罗马圆形竞技场突出展现了罗马人的两项发明：拱券和混凝土。用罗马混凝土建造的拱门、拱顶、桶形圆拱非常坚固。罗马混凝土是由碎石、石灰、火山灰制成的。

　　这样一座宏大的建筑必须要有坚固的地基。罗马的建筑师用混凝土地基支撑竞技场林立的拱顶。拱门、拱顶和混凝土都是罗马人的发明。角斗士、野兽和俘虏被关押在竞技场下面迷宫一般的房间、围栏和笼子里。他们走进竞技场，娱乐五万名热血沸腾的观众。皇室贵胄坐在竞技场前沿最好的位置上。古罗马人都嗜好这种充满暴力和血腥的比赛。

罗马圆形竞技场遗址

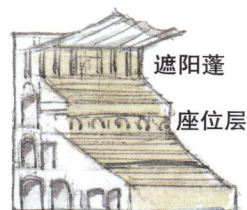

遮阳蓬
座位层

罗马皇帝对建筑格外感兴趣。哈德良*皇帝亲自设计了位于蒂沃利*的哈德良别墅（公元118年～134年）。亭台楼阁、剧院、浴室、图书馆精巧地散落在花园中。

公元43年，维斯巴芗指挥罗马军队在不列颠战役中军功卓著。三十多年后他称帝，成为罗马帝国弗拉维王朝*的第一位皇帝。竞技场之前是以原来尼禄*皇帝的巨大雕像命名的，这座雕像曾经矗立在圆形竞技场的外面。

图拉真*纪功柱建于公元113年前后。这座高达35米的大理石柱是为了纪念罗马皇帝图拉真征服达西亚（今罗马尼亚）所建的。

加尔桥

公元 126 年 ~ 124 年

哈德良皇帝在罗马重建了一座大型混凝土圆顶神庙——万神殿。它被誉为罗马建筑史上的杰作。

公元
20 年

公元
126 年

公元前 19 年 ~ 20 年

罗马建筑师在法国南部修建了一条引水渠，名为"加尔桥"。

罗马万神庙

公元 180 年

罗马人在位于北非利比亚的塞卜拉泰*建造了一座歌剧院。

公元
180 年

维斯巴芗：罗马帝国弗拉维王朝的第一任皇帝，公元 69 年～79 年在位。

弗拉维王朝：罗马帝国的一个历史阶段，上接四帝内乱期，下启安敦尼王朝。王朝由维斯巴芗开创，结束于图密善，共计三位皇帝。

尼禄：古罗马帝国的皇帝，公元 54 年～68 年在位。他是罗马帝国朱里亚·克劳狄王朝的最后一任皇帝。

哈德良：罗马帝国五贤帝之一，公元 117 年～138 年在位。

蒂沃利：意大利中部城市。位于萨比尼山西坡，临特韦雷河支流阿尼埃内河，西距罗马 29 公里。

图拉真：古代罗马帝国安敦尼王朝第二任皇帝，公元 98 年～117 年在位。

塞卜拉泰：位于利比亚首都的黎波里以西的地中海岸边，公元前 5 世纪由腓尼基人所建。

圣索菲亚大教堂

土耳其 / 伊斯坦布尔 / 建于公元 532 年 ~ 537 年

米利都的伊西多尔 &
特拉勒斯的安提莫斯

公元五世纪，西罗马帝国*衰落后，昔日大一统的罗马文化分崩离析。很长一段时间内，没有人乐意建造宏伟壮观的新建筑。但是在富裕的拜占庭帝国，首都君士坦丁堡仍然拥有伟大的建筑。它的建筑风格简单却装饰繁复——将罗马风格的砖块、混凝土工艺与中东的圆顶风格相结合。君士坦丁堡这种独特的风格延续了 1000 年。

美丽的圣索菲亚大教堂寓意"上帝的智慧"，是罗马皇帝查士丁尼一世*下令在君士坦丁堡（今伊斯坦布尔）重建的最大的基督教教堂。整座建筑四周矗立着四根强有力的石柱，用来支撑教堂的中央大圆顶。大圆顶下是巴西利卡*式教堂。石柱与拱门相连，一些小型石柱支撑起半穹顶。这种设计使得教堂的中殿*拥有一个 70 米长的椭圆形空间，显示出宽敞壮观的气势。

圣索菲亚大教堂

　　圆顶和墙上的窗户使得圣索菲亚大教堂的内部光线充足。工匠们用富丽绚烂的大理石和马赛克图案装饰了圆顶内部。1453 年之前的 900 年内，圣索菲亚大教堂一直是东罗马帝国*最重要的基督教教堂。但是后来土耳其人攻陷了君士坦丁堡，他们将圣索菲亚大教堂改建成了清真寺，并在四个角上加建了四座宣礼塔*。1935 年，这座建筑成为博物馆。

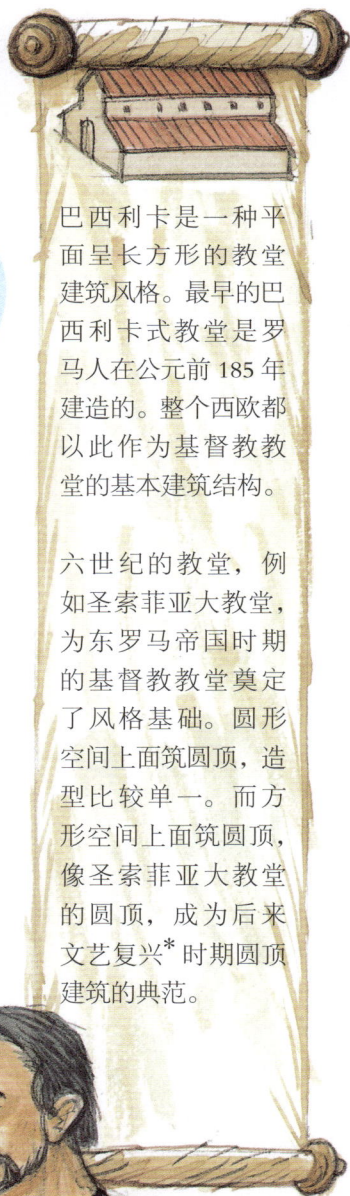

巴西利卡是一种平面呈长方形的教堂建筑风格。最早的巴西利卡式教堂是罗马人在公元前 185 年建造的。整个西欧都以此作为基督教教堂的基本建筑结构。

六世纪的教堂，例如圣索菲亚大教堂，为东罗马帝国时期的基督教教堂奠定了风格基础。圆形空间上面筑圆顶，造型比较单一。而方形空间上面筑圆顶，像圣索菲亚大教堂的圆顶，成为后来文艺复兴*时期圆顶建筑的典范。

33

大美洲豹神庙

公元 520 年

一座高耸的宝塔在中国河南建成。

公元
500 年

公元
520 年

公元 500 年

玛雅文化的大美洲豹神庙在当时的大城市蒂卡尔（今天的危地马拉）建成。

嵩岳寺砖塔，建于公元 520 年（北魏孝明帝正光元年），位于河南省登封市嵩山，高 15 层，这是中国现存最古老的佛塔。

34

公元 548 年

美丽的圣维塔教堂在意大利拉韦纳*建成。

圣维塔教堂

**公元
548 年**

查士丁尼一世：拜占廷帝国皇帝（公元 527 年～565 年），在位时，多次发动对外战争，征服北非汪达尔王国、意大利东哥特王国。

巴西利卡：古罗马的一种公共建筑形式，其特点是平面呈长方形，外侧有一圈柱廊，主入口在长边，短边有耳室，采用条形拱券作屋顶。

中殿：欧洲基督教传统教堂建筑的一个主要组成部分，中殿是教堂内部最长和最高大的空间重点，从门厅开始，与十字间或者高坛相连。

东罗马帝国：即拜占庭帝国。位于欧洲东部，领土曾包括亚洲西部和非洲北部，极盛时领土还包括意大利、叙利亚、巴勒斯坦和北非地中海沿岸。

宣礼塔：伊斯兰教清真寺群体建筑的组成部分之一，意为尖塔、高塔。

西罗马帝国：罗马帝国于公元 286 年被分为两部分，位处西部的帝国叫西罗马帝国；而东部的帝国后来被称为东罗马帝国或拜占庭帝国。

文艺复兴：13 世纪末在意大利各城市兴起，随后扩展到西欧各国，于 16 世纪在欧洲盛行的一场思想文化运动，带来一段科学与艺术革命时期，揭开了近代欧洲历史的序幕，被认为是中古时代和近代的分界。

拉韦纳：意大利北部城市，以保有西罗马帝国时期的建筑遗迹著称。

科尔多瓦清真寺

西班牙 / 科尔多瓦 / 始建于公元 785 年

哈伦·拉希德*

位于西班牙南部科尔多瓦的清真寺体现了伊斯兰建筑的风格，并采用了西班牙当地的建筑技巧。建造者从古代建筑遗迹上搬来罗马大理石柱子，建起清真寺的主体。后来经多次改造，现已成为一座伊斯兰文化和基督教文化并存的著名宗教建筑。

科尔多瓦清真寺远景

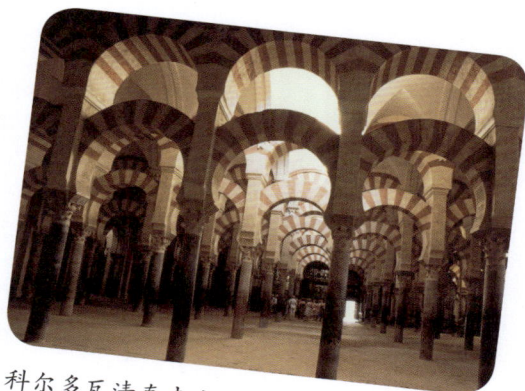

科尔多瓦清真寺内部

　　间距不到 3 米的 19 排柱子，按南北轴线方向排列，上承两层重叠的马蹄形拱券*，用红砖和白云石交替砌成。所有拱门和拱顶上都有精美的装饰。设计者从阿拉伯文学、大自然、几何学中寻找灵感，创作出精致的抽象图案。科尔多瓦清真寺追求实际的功能，它与其他当时的教堂不同，并不追求高耸入云、永存万世的效果。

科尔多瓦清真寺初次扩充改造时，正是哈伦·拉希德执掌阿拔斯王朝*时期。此后两个世纪，科尔多瓦清真寺扩建工程依然在继续。工匠们建造了更多的拱门和柱子。16世纪时又增建了基督教文化的大教堂。

几何图案瓷砖

几何图案瓷砖

公元 687 年 ~ 691 年

耶路撒冷建起圆顶清真寺。它有一个高高的圆顶。清真寺内部是由马赛克、大理石、玻璃构成的装饰图案。外部装饰着绘有图案的马赛克瓷砖。

耶路撒冷的圆顶清真寺

公元 848 年

阿拔斯王朝哈里发穆塔瓦基勒修建了位于伊拉克萨马拉的大清真寺。它由巨大的螺旋状宣礼塔、礼拜大厅和围墙构成。人们甚至可以骑马到达宣礼塔顶端！

萨马拉大清真寺的宣礼塔

公元
848 年

哈伦·拉希德：阿拉伯帝国阿拔斯王朝最著名的哈里发，因与法兰克的查理曼大帝结盟而蜚声西方，更因世界名著《一千零一夜》生动地渲染了他的许多奇闻轶事而为众人所知。

拱券：一种建筑结构。它除了竖向荷重时具有良好的承重特性外，还起着装饰美化的作用。半圆形的拱券为古罗马建筑的重要特征，尖形拱券则为哥特式建筑的特征，而伊斯兰建筑的拱券则有尖形、马蹄形、弓形、三叶形、复叶形和钟乳形等多种。

阿拔斯王朝：阿拉伯帝国的第二个世袭王朝。古代中国称之为"黑衣大食"。

毗湿奴*

缅甸

印度　　　柬埔寨

爪哇

从公元 3 世纪下半叶开始，印度的佛教、印度教向东传入缅甸、柬埔寨、爪哇等国。吴哥窟的印度教庙宇就源于这种文化传播。根据习俗，朝圣者会沿着寺庙绕行一圈朝拜。寺庙内的宝塔象征着印度神话中的众神之家——须弥山。五座宝塔拔地而起，直插云霄。

吴哥窟坐落在柬埔寨暹粒市。这座宏伟、非同凡响的建筑长 1550 米、宽 1400 米，是世界上现存最大的庙宇。吴哥王朝覆没后，它被掩藏在茂盛的原始丛林中长达几个世纪，直到 19 世纪中叶才被发现。

佛

吴哥窟

印度佛教向东传入亚洲其他国家。和印度教的寺庙一样，佛教寺庙也形如高山。佛寺内建有佛塔。佛塔象征无穷无尽的生命轮回。那是佛教徒永生的追求。

吴哥窟原本是印度教的寺庙，后来转变成佛教圣地。

　　柬埔寨吴哥王朝国王苏耶跋摩二世* 下令建造吴哥窟。柬埔寨的工匠们技艺精湛。全部建筑用砂石砌成，石块之间无灰浆或其他黏合剂，靠石块规整的表面以及本身的重量彼此结合在一起。

　　苏耶跋摩二世耗费 30 多年时间修建的吴哥窟，活着时作为宫殿，死后成为他的陵墓。吴哥窟既显示了皇权的尊贵，也用来供奉印度教的神——毗湿奴。

　　吴哥窟内的祭坛由三层长方形有回廊环绕的须弥台* 组成。须弥台一层比一层高，象征印度神话中位于世界中心的须弥山*。在祭坛顶部矗立着按五点梅花式排列的五座宝塔，象征须弥山的五座山峰。寺庙外围环绕一道护城河，象征环绕须弥山的咸海*。寺庙内的浮雕极为精致，堪称世界艺术史中的杰作。

爪哇的婆罗浮屠*，约建于公元 750 年 ~ 850 年。

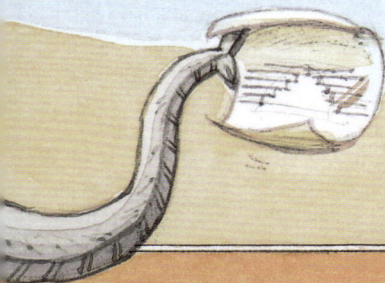

公元 12 世纪

缅甸国王江喜陀*在蒲甘*建造了阿南达寺。江喜陀曾听四处云游的和尚描绘印度奥里萨邦*的洞窟庙宇，于是模仿奥里萨邦的洞窟庙宇建造了阿南达寺。整个寺院呈正方形。寺院正中心矗立着阿南达塔。塔座是印度风格的正方形大佛窟，东南西北面各有一门，门内有一尊高约十米的释迦立佛。

阿南达寺

公元
12 世纪

爪哇婆罗浮屠

蒲甘佛塔群

毗湿奴：印度教三大神之一。

苏耶跋摩二世：柬埔寨吴哥王朝国王（1113年～1150年在位）。他在位时是吴哥王朝疆域最广的时代。

须弥台：象征须弥山的佛像的台座。

须弥山：意思是宝山、妙高山，又名妙光山。古印度神话中位于世界中心的山。

咸海：据佛教传说，须弥山周围有咸海环绕，海上有四大部洲和八小部洲。

爪哇婆罗浮屠：位于印度尼西亚，大约于公元750年～850年间，由当时统治爪哇岛的夏连特拉王朝统治者兴建。意思就是"山顶的佛寺"。

江喜陀：缅甸君主及统治者，他于1084年～1113年统治缅甸。

蒲甘：缅甸历史古城、佛教文化遗址、著名旅游胜地，位于该国国境中部，坐落在伊洛瓦底江中游左岸。

奥里萨邦：印度东部的一个邦，素有印度教圣地之称。

罗马式建筑
约 10 世纪 ~ 12 世纪

罗马式建筑兴起于约公元 981 年。扩建了法国勃艮第的克吕尼修道院。

公元 11 世纪 ~ 12 世纪，主教拥有很大的权力，教会拥有丰厚的财产。国王和贵族大力支持修道院，修道院十分富有。西欧经济发达，城镇规模不断扩大。邻国、邻邦不甘于落后，也纷纷建造更加宏伟、瑰丽的教堂。

在欧洲，受过教育的僧侣设计新式的罗马教堂，能工巧匠们把设计变为现实。僧侣建筑师们希望建筑结构简单却牢固扎实，并且每个部分都能发挥实际的功能。比如，他们在高高的圣坛后方建造了小礼拜堂和供信徒行走的回廊。这些美丽的建筑物凸显了罗马风格——精雕细琢的巨大石柱支撑着半圆形拱门和屋顶的肋架拱顶*。

始建于 11 世纪的比萨大教堂和建于 12 世纪的比萨斜塔

比萨大教堂（建于 1063 年）

在意大利的比萨城，有一座颇负盛名的罗马式教堂——比萨大教堂。大教堂坐落在后来闻名于世的洗礼堂（建于 1153 年～14 世纪）和比萨斜塔（建于 1173 年～1372 年）之间。12、13 世纪时，比萨城富庶繁荣。它需要借由美轮美奂的建筑，向邻邦昭示它的强盛。比萨大教堂是一座简单的罗马式基督教堂，外部装饰着令人目眩神迷的拱廊和五光十色的大理石。教堂内部的中殿和过巨大的大理石柱子。耳堂*与使教堂呈现出神圣的十字架道里，矗立着中殿垂直相交，形。耳堂在当时是一个新的建筑结构，而后来中世纪的教堂都采用了这种结构。

西欧社会安定的时期，教会和国王（比如诺曼底国王）有财力建造恢宏的石质建筑和教堂。诺曼征服*者将罗马式建筑风格从法国带到英国（1066 年），然后又传播到西西里岛和意大利本土（1071 年），罗马也受到了影响（1084 年）。

男子修道院

1068 年

1068 年

位于法国卡昂市的男子修道院具有诺曼
底地区的建筑风格。教堂的中殿矗立着
柱子和拱门。

1090 年

由冈多夫主教指挥修建的英格兰罗切斯特城堡，属罗马建筑风格，是英国最古老的城堡之一。

1093 年

工匠们开始建造杜伦大教堂，在英国开创了装饰华丽的肋架拱顶的先河。

1090 年   1093 年

罗切斯特城堡

奥托三世：东法兰克国王（983 年 ~ 1002 年在位）。

肋架拱顶：把拱顶区分为承重部分和围护部分，从而大大减轻拱顶承重，并且把荷载集中到拱券上以摆脱承重墙的结构模架。

耳堂：十字形教堂的横向部分，用直角穿过中殿，十字形平面交叉延伸出去，短轴的部分称之为十字型翼部或称为"耳堂"，又叫作"横厅"。

诺曼征服：指 1066 年法国诺曼底公爵威廉对英格兰的入侵及征服。这次征服改变了英格兰的走向，从此英格兰受到欧洲大陆的影响加深。

哥特式建筑

约 12 世纪 ~ 15 世纪

13 世纪时，欧洲贸易繁荣。欧洲社会和教会依然处于兴盛时期。繁荣的城市迫切需要建造雄伟的大教堂。这时，欧洲中世纪行会*中手艺精湛的大师取代僧侣，成为设计教堂的建筑师。同时，笨重的罗马风格也让位给轻盈纤细的哥特风格。哥特风格的建筑最早于 1122 年出现在巴黎附近。当时，巴黎近郊的圣德尼修道院的苏杰长老改建了修道院。修道院改建后，面貌一新，呈现出崭新、精致的哥特元素，比如扇形拱顶、尖拱、飞拱、细细的柱子、高高的房檐和墙壁、巨大的窗户，赋予哥特式教堂宽敞、明亮的感觉。

中世纪末期旧的封建体系开始崩溃，曾被牢牢绑在领主土地上的贫苦农奴们，开始在城市里寻找工作。他们学会了新的技能，过得比原来自在。以富商为代表的城镇新兴资产阶级和教会以及贵族一样强大。他们拥有自己的生意，缴纳赋税。为资产阶级服务的艺术家以及工匠、商人、建筑师行会也由此诞生。行会为重要的建筑工程提供技术精湛的手艺人（设计师、工匠、木匠、雕刻家、上釉工人以及画家）。

扇形拱顶

拱门

玫瑰花窗*

哥特式雕塑

双人过道

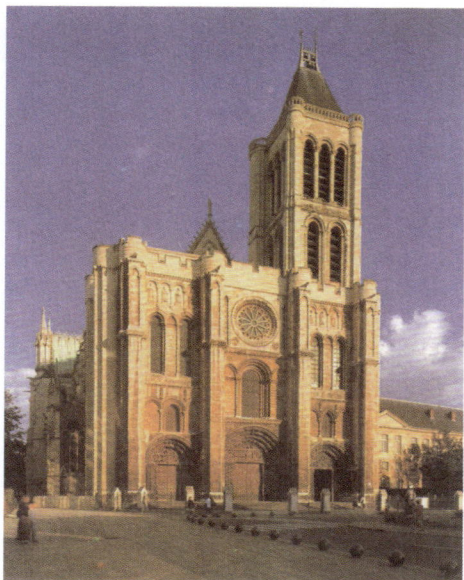
圣德尼修道院

飞扶壁*

最早建造哥特式教堂的石匠们，不仅实践能力强，富有创新精神，而且深谙数学。他们经常奔波于整个欧洲，因为全欧洲都急需他们这种稀缺的技艺。到14世纪，石匠广受尊敬，社会地位也得到提升。有个别石匠还和贵族通婚。

12 世纪上半叶

巴黎近郊的圣德尼修道院是欧洲第一座哥特式教堂。

坎特伯雷大教堂

12 世纪
上半叶

12 世纪末

12 世纪末

坎特伯雷大教堂的彩色玻璃窗精美华丽。其中一扇彩色玻璃窗上描绘的是大主教托马斯·贝克特*。

1220 年 ~ 1258 年

高大雄伟的索尔兹伯里大教堂建造历时 38 年。教堂的中殿和回廊十分宽敞，是英国著名的哥特式天主教堂。

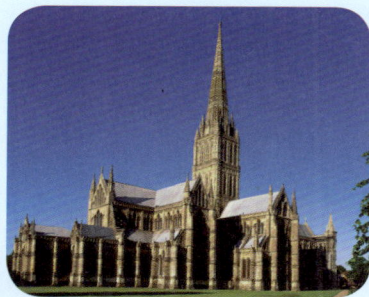

索尔兹伯里大教堂

1258 年

行会： 欧洲中世纪，由于商业与手工业的发展，在古代村落公社衰落的同时，从公元 9 世纪起，在自由城市与海滨等地，逐渐产生了一种新的联合组织。行会是为了保护本行业利益而互相帮助、限制内外竞争、规定业务范围、保证经营稳定、解决业主困难而成立的一种组织。

玫瑰花窗： 哥特式建筑的特色之一，指中世纪教堂正门上方的大圆形窗，内呈放射状，镶嵌着美丽的彩绘玻璃，因玫瑰花形而得名。

飞扶壁： 也称扶拱垛，是一种用来分担主墙压力的辅助设施，在罗马式建筑中即已得到大量运用。

托马斯·贝克特： 英格兰国王亨利二世的大法官兼上议院议长，后于 1162 年至 1170 年任职坎特伯雷大主教。他与亨利二世因教会在宪法中享有的权限发生冲突，后被亨利二世的骑士刺杀。

亚眠大教堂

法国 / 亚眠 / 建于 1220 年 ~ 1288 年

罗伯特·德·吕萨施

滴水嘴兽*被放置在教堂的排水管上，将雨水通过嘴上的洞排出去，以免雨水沿着建筑物的墙壁流下来。

亚眠大教堂

全欧洲最大的哥特式教堂位于法国亚眠。1220年，埃夫拉尔·德·佛里哀大主教指派石匠大师罗伯特·德·吕萨施建造亚眠大教堂。吕萨施建造的教堂和古朴雄浑的罗马式教堂风格迥异。他采用了亚眠附近采石场出产的石头，建造了一座高耸入云的教堂。教堂装有美丽的彩色玻璃窗，整个教堂内部因而显得绚丽而明亮。与罗马式教堂不同，哥特式教堂有着高耸的薄墙，并镶嵌着巨大的窗户。石匠们发明的飞扶壁可以支撑外墙的重量，哥特式建筑从而变得高耸而轻盈。

吕萨施在其他方面也技艺精湛。他在教堂窗口雕刻了很多石雕，比如比真人还大的信徒和先知的石雕像。正门上方的雕塑展现了"最后的审判*"的场景。1288年，另一个石匠完成了亚眠大教堂的最后一项工作——他在中殿的地板上设计了一个复杂的迷宫。

哥特时代，社会等级森严。处在最上层的是贵族和教士。下一层是地主、商人和工匠。农民处在最底层。有钱人把钱投在建筑上。教会建造教堂，贵族建造城堡和庄园，商人和行会建设城镇，农民搭建简朴的村舍。

12 世纪

犹太人在林肯郡建造的石头房子是迄今已知的英国最早的石头房子。

12 世纪

12 世纪

农民搭建起简陋的小屋。

1165 年 ~ 1167 年

亨利二世的御用建筑师阿尔诺斯，在英国萨福克郡建造了牛津城堡。

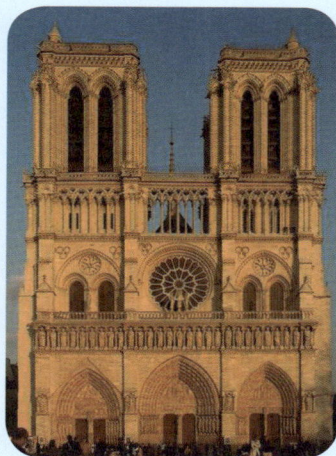

巴黎圣母院

| 1165 年 | 1250 年 |

1163 年 ~ 1250 年

石匠大师们建造了巴黎圣母院。

滴水嘴兽：建筑输水管道喷口终端的一种雕饰。

最后的审判：或者称为大审判，是一种宗教思想——在世界末日之时神会出现，使死者复生并对他们进行裁决，将其分为永生者和打入地狱者。

韦奇奥宫

意大利 / 佛罗伦萨 / 1298 年 ~ 1322 年

阿诺尔夫·迪坎比奥

中世纪时期，意大利的一些城镇建起高高的塔楼。塔楼既可以用来预警入侵者，也可以展示统治家族或者城邦*委员会的权威。

许多人认为韦奇奥宫是由意大利雕塑家、建筑师阿诺尔夫·迪坎比奥设计的。奥维多的德布赖红衣主教墓、教皇波尼法修八世半身像及其陵墓都是阿诺尔夫的作品。1296 年，阿诺尔夫设计并开始建设佛罗伦萨大教堂。

意大利佛罗伦萨的韦奇奥宫也称"旧宫"，坐落在佛罗伦萨的领主广场*。它是过去意大利佛罗伦萨共和国*的市政厅。主体是一座带有城垛的巨大方形建筑。附属的哥特式钟楼高达 95 米。钟楼上的钟声响起，召集人们出席会议，或者在紧急情况下向市民发出警示。宫殿始建于 1298 年，大部分建筑在动工后的 12 年内完成，只有钟楼是后来加建的。15 世纪、16 世纪时，意大利的名门望族美第奇家族*在韦奇奥宫内添加了华美的装饰，比如精美的雕像和壁画。

12 世纪、13 世纪时，意大利的许多城镇都建起了宫殿。宫殿大多是坚固的五层石质建筑，与韦奇奥宫十分相似。宏伟坚固的宫殿既可以抵御敌人入侵，也能让民众叹为观止。为了抵御入侵者的攻袭，宫殿底层的窗户比上层的小。宫殿还建有堞口*、城垛、瞭望塔等防御工事。

每层大约有 10 米高。

韦奇奥宫

意大利

威尼斯

佛罗伦萨
锡耶纳
罗马

钟楼

塔楼

城垛

13 世纪时，不同的势力开始争夺意大利许多富庶城市的控制权。佛罗伦萨有两派势力——拥戴教皇的归尔甫派和拥戴德意志神圣罗马帝国*皇帝的吉伯林派。当时，德意志神圣罗马帝国对意大利虎视眈眈。归尔甫派在 1289 年取得了胜利，但是他们对到底是自己管理城市还是由远在梵蒂冈城的教皇统治争执不休。直到 15 世纪，富裕的银行家族——美第奇家族取得了佛罗伦萨的统治权。从此，这座城市繁荣兴盛，吸引了大批著名的艺术家。

领主广场：意大利佛罗伦萨旧宫前的"L"形广场，得名于旧宫（领主宫）。

佛罗伦萨共和国：中世纪意大利的一个城市国家，位于今意大利托斯卡纳大区。佛罗伦萨共和国是欧洲文艺复兴运动的中心，在意大利发展史上占有重要地位。

1238 年 ~ 1358 年

阿尔汉布拉宫* 这座美丽的宫殿坐落在西班牙格拉纳达*。

1201 年	1238 年

1201 年

比利时伊普尔建起纺织会馆*，为佛兰德羊毛商人的交易提供了便利。

1297 年

意大利锡耶纳建起美丽的锡耶纳市政厅。锡耶纳市政厅拥有全意大利最高的钟塔（高达 102 米）。

威尼斯总督宫

1297 年   1424 年

美第奇家族：佛罗伦萨 13 世纪至 17 世纪时期在欧洲拥有强大势力的名门望族。

堞口：城上如齿状的矮墙。

城邦：独自拥有主权或行使自治的城市。

德意志神圣罗马帝国：962 年至 1806 年在西欧和中欧的一个封建帝国。

阿尔汉布拉宫：西班牙的著名故宫，中世纪时，人们在西班牙建立的格拉纳达王国的王宫。

格拉纳达：西班牙安达卢西亚自治区内格拉纳达省的省会。

纺织会馆：供客商会见、洽谈业务和交易的场馆。

1309 年 ~ 1424 年

建筑师乔万尼和巴图罗蒙为威尼斯共和国政府设计建造了威尼斯总督宫。

意大利文艺复兴

13 世纪 ~ 16 世纪

威尼斯

虽然大多数文艺复兴时期的新古典主义风格建筑经罗马传入威尼斯，但威尼斯最早的建筑可以追溯至1460年。威尼斯与东方有密切的贸易往来，所以它的建筑总是具有独特的风情。

① 威尼斯

② 维琴察

③

④

⑤ 曼图亚

博洛尼亚

佛罗伦萨

⑥

⑦

比萨

热那亚

佛罗伦萨

在权势显赫的美第奇家族的统治下，佛罗伦萨成为和平富庶的城市。银行家、商人们乐意花费大笔金钱，购买美丽的画作，建造具有文艺复兴风格的教堂、宫殿和其他建筑。

① 奇迹圣母堂
　建于 1481 年 ~ 1489 年

② 圣马可图书馆
　建于 1537 年 ~ 1553 年

③ 威尼斯救主堂
　建于 1576 年 ~ 1577 年

④ 圆厅别墅
　建于 1552 年

⑤ 圣安德肋堂
　1472 年动工

文艺复兴时期，意大利的几个大城市成为艺术、文化中心。新思想源源不断地涌出。除了牧师之外，其他很多有聪明才智、创新精神的人也开始探求真理。他们来到佛罗伦萨、罗马求学。他们就是被我们称道的文艺复兴的先驱。

文艺复兴的先驱们才华横溢、勇于创新。画家研究透视学和几何学，雕塑家积累解剖经验，音乐家和建筑师深谙数学，并将数学与艺术融会贯通。

文艺复兴时期人文主义者、建筑师和理论家莱昂·巴蒂斯塔·阿尔伯蒂在 1452 年写下了《论建筑》一书。他在书中阐述了古典建筑中的数学原理。阿尔伯蒂的见解被广泛接受，于是古典建筑风格在文艺复兴时期获得新生。

文艺复兴并不局限在科学和艺术领域。这一时期的人们也开始探索世界。葡萄牙的探险家亨利王子派出船队进行了环西非的海上航行。船队甚至绕过了好望角。1492 年，哥伦布向西航行，发现了新大陆。

罗马

14 世纪、15 世纪时，罗马是一个非常富庶的大城市。罗马教皇和罗马古代的皇帝一样，一掷千金，建造宏伟的教堂，炫耀权势，希望恢复古典时代的荣耀。古典思想和古典风格的建筑依旧象征着辉煌无比的罗马帝国。

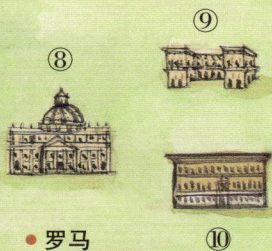

⑨

⑧

● 罗马

⑩

⑥新圣母大殿	⑦佛罗伦萨大教堂	⑧圣彼得大教堂	⑨法内仙纳庄园	⑩法尔内塞宫
1470 年完工	1436 年完工	1506 年动工	1506 年动工	1515 年动工

米开朗基罗
（1475 年 ~ 1564 年）

米开朗基罗是画家和雕塑家，并不是建筑师。因此，他的一些作品打破了人们对建筑的一些固有观念。

菲利波·布鲁内列斯基
（1377 年 ~ 1446 年）

布鲁内列斯基在成为建筑师之前是金匠和雕刻家。他前往罗马求学，学习了罗马博大精深的古典建筑史。学成之后，他设计了佛罗伦萨大教堂圆顶这个建筑史上的杰作。

莱昂·巴蒂斯塔·阿尔伯蒂
（1404 年 ~ 1472 年）

他写了罗马古典建筑方面的著作。他认同罗马作家维特鲁威关于建筑的见解，并将这些见解运用在教堂的设计建造中，比如佛罗伦萨的新圣母大殿、曼图亚的圣安德肋堂。

雅各布·桑索维诺
（1486 年 ~ 1570 年）

他是佛罗伦萨的雕塑家。1536 年，他建造了恢宏壮丽、美轮美奂的圣马可图书馆。该图书馆用于保存古希腊、古罗马的手稿。

巴尔达萨雷·佩鲁齐
（1481 年 ~ 1536 年）

他是来自锡耶纳的画家、建筑师。他在 1503 年来到罗马。他参与建造了圣彼得大教堂，之后设计了法内仙纳庄园。

多纳托·伯拉孟特
（1444 年 ~ 1514 年）

伯拉孟特在成为罗马最著名的建筑师之前，就已经在米兰设计了一些建筑。罗马的坦比哀多礼拜堂是他的杰作。它是意大利文艺复兴时期的著名建筑，也是圣彼得＊殉教之处。

菲利贝尔·德洛姆
（1515 年 ~ 1570 年）

他在 1533 年来到意大利，立刻爱上了古罗马的古典建筑风格。他在自己的作品中运用了维特鲁威的几何学思想。他的作品以陡峭的房顶和低平的楼层为显著特征。

小安东尼奥·达·桑加罗

他是多纳托·伯拉孟特的学生。他设计了罗马的法尔内塞宫（首次设计于 1517 年）。这座宏伟的宫殿有三层。建造者从罗马角斗场取了一些石头用来建造法尔内塞宫的窗户。

彼得罗·隆巴尔多
（1435 年 ~ 1515 年）

他建造了精美的奇迹圣母堂。教堂呈长方形，内部建有桶形穹顶，屋顶是一个圆顶。

安德烈亚·帕拉第奥
（1508 年 ~ 1580 年）

他早年当过石匠，后来学习了古典建筑的思想。他在维琴察附近建造的乡村别墅充分展现了他的建筑思想和丰富的想象力。其中最著名的建筑就是圆厅别墅。

1487 年

列奥纳多·达·芬奇的《完美人体图》描绘了人体的完美比例。

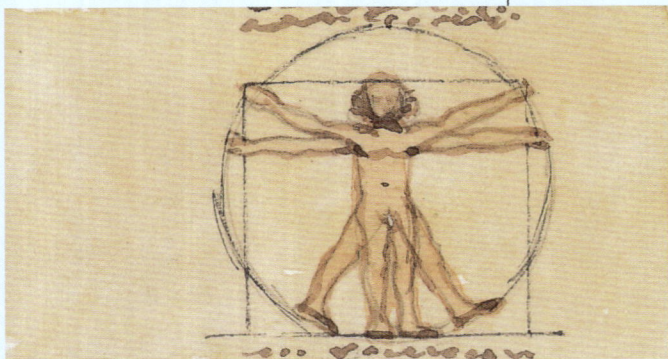

| 1487 年 | 15 世纪末 |

15 世纪末

这是文艺复兴时期人们眼中的理想城市。城市必须布局合理，以某一个建筑为中心向外扩散。城中还必须有宽阔的街道和防御工事。

罗马耶稣会教堂

1568 年

1568 年

由维尼奥拉和德拉·波尔塔设计的罗马耶稣会教堂影响了之后的巴洛克风格教堂的设计。

圣彼得： 耶稣的十二门徒之首。

圣母升天大教堂

1508 年

忧苦之慰圣母堂在意大利的托迪建成。

1475 年

设计师费奥活凡特和诺威在俄罗斯莫斯科的克里姆林宫内建造了圣母升天大教堂。

忧苦之慰圣母堂

1552 年 ~ 1560 年

乔瓦尼·巴蒂斯塔迪设计并改造了波兰的波兹南市政厅。

伯利庄园

| 1552 年 | 1587 年 |

波兹南市政厅

1556 年 ~ 1587 年

威廉·塞西尔自行设计并建造了他在英格兰伯利的庄园。

圣彼得大教堂

梵蒂冈 / 建于 1506 年 ~ 1626 年

米开朗基罗

米开朗基罗在接手圣彼得大教堂建筑项目前，就已经是一位著名的雕刻家和艺术家。他的名作包括佛罗伦萨的雕像《大卫》和圣彼得大教堂中的雕像《哀悼基督》。

一共有九位艺术家参与了圣彼得大教堂的设计与建造！最终建成的大教堂规模无比宏大，装饰无比繁复。宏伟的中殿气势磅礴。雄伟的圆顶仿佛是通向天堂的大门。

君士坦丁大帝* 于公元 4 世纪修建的老圣彼得大教堂开始颓败时，雄心勃勃的教皇尤利乌斯二世* 下令建造一座崭新的教堂。这是一个宏大的工程。经验丰富的建筑师多纳托·布拉曼特赢得了大教堂的设计权。按照布拉曼特的设计，大教堂是一个浅圆顶的希腊十字形教堂。工程在 1506 年动工。1513 年，艺术家拉斐尔加入到这个庞大的建筑工程中。他对布拉曼特的设计提出了修改意见。于是两个建筑师争执不休。最后在 1546 年，米开朗基罗·博那罗蒂成为整个项目的负责人。他拉高了布拉曼特设计的圆屋，使圆顶的高度达到了 140 米，圆顶靠四个大墩支撑。米开朗基罗忙于建造工程，直到 1564 年，他溘然长逝。但是他为圆顶和圆顶上的塔建造了模型。后来的建筑师参照模型，建成了大圆顶。大教堂最终于 1626 年完工。1667 年，圣彼得广场（见第 106 页）由意大利著名建筑师乔凡尼·洛伦佐·贝尼尼建成。尽管在建造过程中，建筑师们多有争论，但圣彼得大教堂无疑是文艺复兴时期最伟大的建筑之一。

圣彼得大教堂

圆顶的最初设计稿

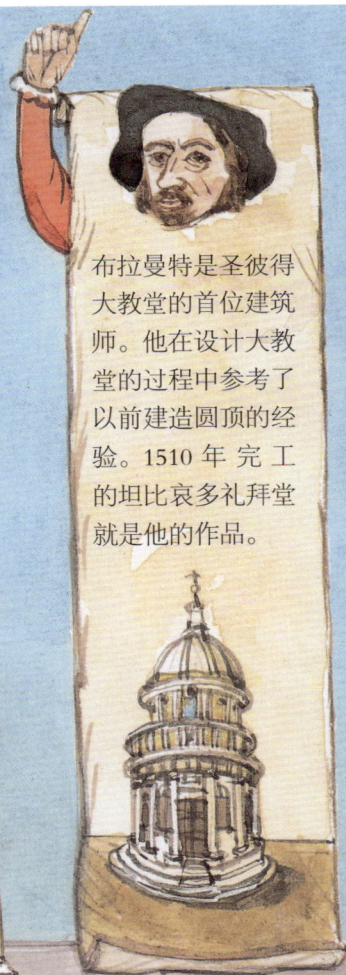

布拉曼特是圣彼得大教堂的首位建筑师。他在设计大教堂的过程中参考了以前建造圆顶的经验。1510年完工的坦比哀多礼拜堂就是他的作品。

法内仙纳庄园

在罗马,米开朗基罗接手小安东尼奥·达·桑加罗的工作,完成了法尔内塞宫的设计。

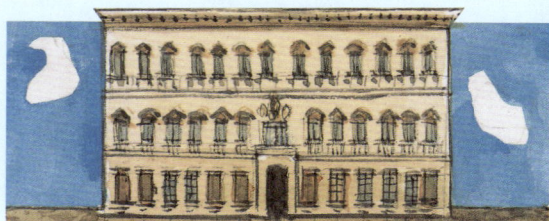

1506 年 ├───────────┤ ├───────────── **1534 年** ┤

1506 年

巴尔达萨雷·佩鲁齐开始设计奢华的法内仙纳庄园。庄园坐落在罗马台伯河边。

法尔内塞宫

1537 年 ~ 1542 年

格蒂别墅在意大利维琴察落成。它是安德烈亚·帕拉第奥设计的诸
多乡村别墅中的一座。

1542 年

格蒂别墅

君士坦丁大帝：又称君士坦丁
一世，是罗马自公元前 27 年
自封元首的屋大维后的第 42
代罗马皇帝。君士坦丁在罗马
皇帝任上曾进行了一系列改
革措施，他于公元 330 年将罗
马帝国的首都从罗马迁到拜占
庭，将该地改名为君士坦丁堡。

尤利乌斯二世：为教皇史上第
218 位教皇，被教廷认为是历
史上最有作为的 25 位教皇之
一。

安德烈亚·帕拉第奥
（1508 年 ~ 1580 年）

圆厅别墅

意大利 / 维琴察 / 约建于 1552 年 ~1570 年

帕拉第奥潜心研究了罗马的古典建筑废墟之后，总结并著述了古代建筑家们的成就。当时，欧洲印刷业正在飞速发展。这使帕拉第奥的著作在许多国家流传。

基耶里凯蒂宫
（1550 年）
帕拉第奥认为房间和整个建筑的比例应该恰到好处，并令人赏心悦目。他设计的建筑具有对称美，外表简朴。

基耶里凯蒂宫

圣乔治马乔雷教堂

威尼斯救主堂

安德烈亚·帕拉第奥是世界建筑史上最著名的人物之一。他的名著《建筑四书》在欧洲广为流传。这为他赢得了声誉,也把他的建筑思想传播到世界各地。帕拉第奥在罗马学习了古典建筑后,提出了他的建筑学理论。之后,他和其他建筑师将这些理论运用在实践中。

圆厅别墅是帕拉第奥设计的诸多别墅中的一座。他设计的别墅大多坐落在土地肥沃的威尼托*。那里离威尼斯不远,遍布着富庶的农场。帕拉第奥热衷于将别墅入口设计得像罗马神殿大门一样。圆厅别墅建在山顶上,整座建筑显得极为雄伟壮观。别墅是为一位退休的神职人员而建,他希望在这里招待朋友。圆厅别墅的内部设计极其华丽考究,并体现了对称之美。从外观来看,圆厅别墅的四个立面一模一样,酷似古罗马的神殿,而别墅脚下是一派秀丽的乡村风光。

圣乔治马乔雷教堂
帕拉第奥设计的最著名的教堂便是圣乔治马乔雷教堂和威尼斯救主堂。这些教堂也具有对称之美。帕拉第奥热衷于使用纯白色的石头,因为他觉得白色是上帝钟爱的颜色。

威尼斯救主堂

奥林匹克剧场
帕拉第奥在离世前,设计了这个著名的剧场。

巴黎卢浮宫

1553 年

保罗·委罗内塞完成威尼斯总督宫内天花板上的壁画创作。

| 1546 年 | 1553 年 |

1546 年

皮埃尔·莱斯科设计了巴黎卢浮宫。

1561 年

科尼利厄斯·弗洛里斯开始设计华丽精美的安特卫普市政厅。

埃斯科里亚尔修道院

1561 年	1563 年

安特卫普市政厅

1563 年

胡安·德·埃雷拉开始为西班牙国王菲利普二世*设计位于马德里的埃斯科里亚尔修道院。

威尼托：意大利东北部的一个行政区。
菲利普二世：哈布斯堡王朝的西班牙国王（1556 年～1598 年在位）和葡萄牙国王（1581 年起）。他的执政时期是西班牙历史上最强盛的时代。

瓦西里升天大教堂

俄罗斯 / 莫斯科 /1553 年 ~ 1554 年原建，
1555 年 ~ 1561 年改建

巴尔马和波斯特尼克

沙皇伊凡四世去世多年之后，到 17 世纪时，人们又为瓦西里升天大教堂加上了许多装饰，比如洋葱头圆顶上的彩色瓷砖。工匠们为教堂外部上色，金属色圆顶也被铺上了彩色的瓷砖。大教堂变得色彩斑斓。

1550 年，为庆祝沙皇俄国在与喀山汗国*的战争中取得胜利，沙皇伊凡四世*命令建筑师巴尔马和波斯特尼克，在莫斯科红场*建造一座宏伟的大教堂。这座大教堂就是瓦西里升天大教堂。这座大教堂采用了传统的"帐篷顶""尖塔顶"结构。最高的一个教堂顶高高耸立在中央，周围环绕着八个小一些的教堂顶。最初，大教堂全被涂成了白色，并采用了俄罗斯传统建筑材料——装饰考究的砖瓦和木材。瓦西里升天大教堂的洋葱头状圆顶使其独具特色。据说，俄罗斯建筑的顶部必须设计成洋葱头状，因为只有那样才能让积雪滑落下来！

巴尔马和波斯特尼克所处的时代正是欧洲文艺复兴时期，所以当商品源源不断地从威尼斯流入俄罗斯的时候，意大利的建筑风格和工艺也被融入到了俄罗斯的建筑中。

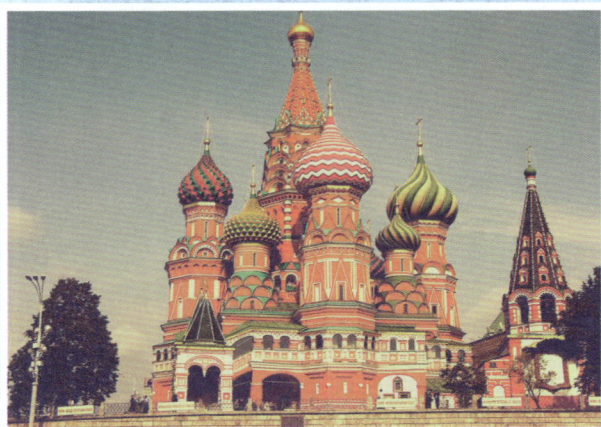

瓦西里升天大教堂

"**恐怖大帝**" **伊凡四世**
（1530 年 ~ 1584 年）

伊凡四世是俄国
的首位沙皇。他
在位时，极力加
强中央集权。他
和英国的亨利八
世一样，也有六
个妻子。他是俄
罗斯历史上有名
的暴君。

莫斯科

俄罗斯

黑海

伊凡大帝钟楼

1547 年 ~ 1552 年

菲利贝尔·德洛姆设计了阿内堡，包括精致的小教堂。

| 1505 年 | 1547 年 |

1505 年

伊凡大帝钟楼在莫斯科克里姆林宫开工。

阿内堡

1549 年

安德烈亚·帕拉第奥为维琴察的市政厅设计了一个新的立面。

苏莱曼清真寺

1549 年 ————— 1556 年

维琴察市政厅

1550 年 ~ 1556 年

苏莱曼清真寺在君士坦丁堡建成。

喀山汗国：15 世纪中叶伏尔加河中游的封建国家。原为蒙古帝国下辖的四大汗国之一的金帐汗国的属地。

伊凡四世：又被称为伊凡雷帝或者"恐怖的伊凡""伊凡大帝"。他是瓦西里三世与叶琳娜·格林斯卡娅之子，是俄国历史上第一位沙皇。

红场：俄罗斯首都莫斯科市中心的著名广场，西南与克里姆林宫相毗邻。

彼得·斯特里特

环球剧场

英国 / 伦敦 / 建于 1599 年

环球剧场有一段传奇。由于延长剧院租期的请求遭到拒绝，"宫廷大臣剧团"的团长理查德·伯比奇和木匠彼得·斯特里特一起拆了老剧院。1598 年 12 月 28 日深夜，他们扛着拆下来的木头，渡过泰晤士河，然后在伦敦南华克区建起了新剧院。

技艺精湛的木匠彼得·斯特里特于 1599 年建造了环球剧场。它是一座三层开放式圆形剧场。整个剧场是一个复杂的 20 边形结构，全由橡木构成。橡木框架内填充着砖墙以及涂有石灰的橡木板条。剧院直径长达 30 米。

观众可以坐在有茅草顶遮盖的走廊里观看演出，也可以站在靠近舞台的露天空间里近距离欣赏表演。剧场地上满是榛子壳、烟灰、煤渣、烂泥。演出结束后，地上更是一片狼藉。

剧场的舞台和后台装饰精美。来自意大利的艺术家把剧场的柱子和阳台栏杆画得像大理石一样熠熠生辉。舞台屋顶上和地板上各有几个活板门。演员们可以通过活板门奇迹般地出现，给现场增添了魔幻色彩。

莎士比亚是"宫廷大臣剧团"的演员和剧作家。该剧团是当时伦敦最具实力、最富有的剧团。只有在玫瑰剧院演出的"海军上将剧团"能与之匹敌。

剧院和斗兽场在伊丽莎白时代的伦敦十分流行。但是这些地方混乱嘈杂，而且容易传播疾病。伦敦市长为此忧心忡忡，但是大多数剧院建在了伦敦城外，令伦敦市长鞭长莫及。

汉普顿宫

1538 年 ~ 1558 年

意大利、荷兰、英国的工匠为亨利八世建造了无双宫。

1528 年

英王亨利八世*取代沃尔西主教*，入主汉普顿宫。

亨利八世：都铎王朝第二任君主（1509年至 1547 年在位），英格兰与爱尔兰的国王。

沃尔西主教：英国政治家，亨利八世的重臣，曾任大法官、国王首席顾问；同时也是一位神职人员，历任林肯主教、约克大主教及枢机主教等。

1528 年   1538 年

17 世纪初

泰晤士河和南华克环球剧场风光。

1619 年

伊尼戈·琼斯* 在白厅* 建造了文艺复兴风格的国宴厅，用于举办皇家舞会。

17 世纪 50 年代

工匠们建成了具有精巧木质结构的小莫尔顿厅。

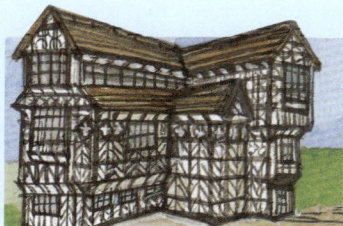

| 17 世纪初 | 1619 年 | 17 世纪 50 年代 |

伊尼戈·琼斯：英国古典主义建筑学家，曾对意大利古典建筑风格进行学习研究。

白厅：英国伦敦市内的一条街，连接议会大厦和唐宁街。原白厅已于 1698 年毁于大火。

国宴厅

小莫尔顿厅

墨西哥金字塔

墨西哥 / 墨西哥城 / 约始建于 1325 年

阿兹特克帝国末代君王
——蒙特祖马二世

金字塔顶部的正方形"小屋"供奉着神像。神像上饰有珍稀的宝石。

埃尔南·科尔特斯
（1485 年～1547 年）

几个世纪以来，中美洲的人们建造了宏伟的城市、壮观的庙宇以及其他伟大的建筑。14 世纪时，阿兹特克人*在特诺奇蒂特兰*，建造了独具特色的金字塔式神庙。1325 年，他们得到了神的指引，看见了一只站在仙人掌上啄食蛇的鹰。阿兹特克人恍然大悟，明白了应该把都城建在何地，而神庙也成了最神圣的地方。阿兹特克人在金字塔中举行祭祀活动，供奉神明。

阿兹特克人建造的金字塔几乎没有窗户，并历经多次扩建。金字塔扩建时，就将旧址加以扩大。建造金字塔是一项极其艰苦的工程。当时的阿兹特克人没有带轮子的交通工具，也没有起重机。采石匠们利用木楔从岩石表面劈下 40 吨重的厚石板，然后他们把石板运到建筑工地上。能工巧匠们为石板涂上灰泥或者打磨光滑，把每一块放在合适的位置上，建造出熠熠生辉的宏伟建筑。

1519 年，西班牙铁骑入侵阿兹特克王国。军队的首领埃尔南·科尔特斯在特诺奇蒂特兰和特奥蒂瓦坎*见到了恢宏的金字塔和广场。这些伟大的建筑让他大为惊叹。但是，欧洲的入侵和疾病的传播最终摧毁了中美洲灿烂的文明。那些象征着中美洲昔日强盛帝国的庙宇，也在战火中化为灰烬。

乱坟岗里埋葬着数十万在祭祀时被残忍杀害的受害者的头骨。

85

墨西哥

墨西哥金字塔

和古埃及人一样，阿兹特克人也是卓越的天文学家。他们根据日月星辰的运行规律建造金字塔。每天，他们都会在金字塔内进行祭祀活动，并常常用人做祭品，因为他们相信将血倾注在神灵面前，太阳才会升起。祭司剖下人祭的心脏，将扑扑跳动的心脏从金字塔的台阶上抛下去，如注的鲜血沿着台阶汩汩流淌。

墨西哥金字塔

在西班牙与阿兹特克的战争中，许多阿兹特克人沦为俘虏。

丰收神——特拉洛克

特拉洛克是阿兹特克人的丰收神。阿兹特克人把小孩当祭品供奉他。那些孩子的尸体就埋在金字塔的地基里。

公元 50 年，特奥蒂瓦坎的亡灵大道*上，建起了高 57 米的太阳金字塔，这和埃及阶梯式金字塔有异曲同工之妙。然而，这仅仅是个巧合，因为当时中美洲人并没有接触过古埃及文化。

特诺奇蒂特兰是阿兹特克帝国的都城。这是一座建在岛上的城市，只有绕过长长的堤坝，才能到达城中。1519 年，埃尔南·科尔特斯以"征服者"的姿态入侵特诺奇蒂特兰，并最终占领了这座城市。

早在阿兹特克人出现的几个世纪之前，中美洲的土著居民已经建造了金字塔。这些建筑如今在中美洲已经所剩无几，而奇琴伊察*便有一座。奇琴伊察还有一个著名的球场，其悠久历史可追溯至公元 700 年。当时奇琴伊察举行的球赛是一种宗教仪式。

公元 1 年 ~ 200 年

印第安人建造了特奥蒂瓦坎古城和太阳金字塔以及其他 23 座神庙。

公元前800 年 | **公元200 年**

公元前 800 年

墨西哥湾附近的奥尔梅克人* 建造了巨石头像和金字塔。

特奥蒂瓦坎的太阳金字塔

约公元 292 年 ~ 850 年

玛雅人*在中美洲的丛林中建造了蒂卡尔古城*，以及供祭祀、叩拜的神庙。

**公元
850 年**

蒂卡尔古城遗址，危地马拉

公元 1325 年

阿兹特克人在特诺奇蒂特兰定居，势力越来越强大。

公元
900 年

公元
1325 年

公元 900 年 ~ 980 年

托尔特克人*侵占了玛雅的主要城市，比如奇琴伊察。

公元 1500 年

印加人*用无与伦比的石雕工艺建成了萨克塞华曼堡垒，保护他们的首都库斯科（在今天的秘鲁境内）。

公元
1500 年

亡灵大道：特奥蒂瓦坎城的中央大道。

奇琴伊察：古玛雅城市遗址，位于墨西哥尤卡坦州南部。

奥尔梅克人：中美洲最早文明化的民族。奥尔梅克人不仅有丰富的社会生活、精湛的雕刻技艺，而且创造出了一定的文化成就。奥尔梅克人是中美洲文明发展进程中创造文字和历法的始祖。

玛雅人：中美洲地区和墨西哥印第安人的一支，公元前约 2500 年就已定居在今墨西哥南部、危地马拉、伯利兹以及萨尔瓦多和洪都拉斯的部分地区。

蒂卡尔古城：玛雅古典时期最大的城邦，此时玛雅的文明中心已从南部移到中部。位于今天的危地马拉。

托尔特克人：10 世纪左右统治墨西哥中部地区的民族，以建筑和手工艺品而闻名，在统治过程中创造了自己独特的文化体系。

印加人：南美洲古代印第安人，主要生活在安第斯山脉中段，中心在秘鲁的库斯科城。印加人信奉多神，以天神（太阳、风景、雷雨等）为主，重视礼仪。

巴洛克 & 洛可可

16 世纪　　　17 世纪

乔凡尼·洛伦佐·贝尼尼
（1598 年 ~ 1680 年）

巴洛克最早是用来形容珠宝的术语，指的是未经加工雕琢的珍珠或者奇石。在建筑学中，它指的是一种和古典建筑风格迥然不同的新风格。巴洛克建筑风格打破了古典建筑所遵循的条条框框，追求新颖独特的效果。所以巴洛克风格的建筑往往形状奇特，常穿插曲面和椭圆形空间。

　　17 世纪时，许多意大利城市十分富庶。城市的繁荣得益于昌盛的贸易、流通的商品以及富裕的天主教会。罗马、佛罗伦萨等地继续建造新的教堂和宫殿，但是建筑风格发生了变化。当时流行的是生机勃勃、追求动态美的巴洛克建筑风格。在著名建筑师乔凡尼·洛伦佐·贝尼尼和弗朗切斯科·博罗米尼的推动下，巴洛克建筑风格广为流行。这种建筑风格赋予建筑实体和空间以动态，打破了建筑、雕刻和绘画的界限。

　　贝尼尼喜欢用一种错视的视角和精巧的光线，赋予建筑戏剧化的效果。他既是一位杰出的建筑师，也是卓越的作家，擅长写作戏剧和歌剧作品。当他觉得自己的设计让城市或建筑更美丽时，他就会欣然打破古典时期和文艺复兴时期规定的建筑规则。

　　博罗米尼是贝尼尼的学生。他原先是一名工匠。他的作品比贝尼尼的更加繁复精致，往往采用更多盘旋卷曲的形状。

四喷泉圣卡罗教堂

四喷泉圣卡罗教堂（罗马，建于 1634 年～1682 年）
由弗朗切斯科·博罗米尼设计建造。这座小巧却奇异
瑰丽的教堂有一个椭圆形的顶，立面均为曲面。

弗朗切斯科·博罗米尼
（1599 年～1667 年）

安东尼奥·维瓦尔第
（1678年～1741年）
与巴洛克建筑的戏剧
性风格一样，巴洛克
作曲家们也将一种新
的音乐风格带入威尼
斯，让人耳目一新。
安东尼奥·维瓦尔第
和克劳迪奥·蒙特威
尔第（1567 年～1643
年）创作了精巧的器
乐和歌剧音乐作品。
这两位作曲家至今仍
有许多广为演奏的音
乐作品。

93

"洛可可"一词源于法语词汇,原意为"贝壳"或者"像贝壳一样闪亮的装饰"。洛可可后来指建筑的某些样式以及室内陈设和装饰的风格。洛可可风格的装饰多用自然题材作曲线,如卷涡、波状和浑圆体;色彩娇艳、光泽闪烁,象牙白和金黄是其流行色;经常使用玻璃镜、水晶灯强化效果。这种装饰追求纤巧、精美,又浮华、繁琐,一度风靡欧洲。

洛可可风格不仅用于巴黎苏比斯府邸等私家宅院,在皇宫的建筑中也得到了充分运用,比如凡尔赛宫(见下册第 8 页)。金色和白色等法式洛可可色系和贝壳形、葡萄藤状等元素,也许是受了古罗马洞窟艺术的启发。

当时,德国(尤其是巴伐利亚地区)、奥地利、波西米亚借鉴了这种洛可可风格。他们为教堂加上奶白色、卷曲的装饰,使教堂更加奢华绚丽。位于德国奥托博伊伦市的奥托博伊伦修道院(建于 1744 年 ~ 1767 年)很好地体现了这种风格。巴洛克风格在这些国家和地区也得到了进一步的发展,变得更加繁复、华美。宫廷建筑师马特乌斯·丹尼尔·珀佩尔曼充分发挥想象力,设计了位于德累斯顿的茨温格宫(建于 1709 年)。奥地利建筑师菲舍尔·冯·埃拉赫设计了位于奥地利首都维也纳的查理教堂(见下页)。这两栋建筑是巴洛克风格的极致体现。

查理教堂

查理教堂（维也纳，1716年动工）由约翰·伯恩哈德·菲舍尔·冯·埃拉赫（1656年～1723年）设计建造。查理教堂正门前的两根圆柱模仿了图拉真纪功柱。

安康圣母教堂

┤ 1631 年 ├

1631 年

巴尔达萨雷·隆盖纳在威尼斯大运河*河口
设计了安康圣母教堂。安康圣母教堂是为
感谢圣母玛利亚将威尼斯从瘟疫中拯救出
来而建的。

1642 年

弗朗索瓦·孟莎（1598 年～1666 年）
设计了对称的麦松府邸。许多建筑元素
在平行和垂直方向达到了完美的平衡。

1667 年

瓜里诺·瓜里尼为都灵主教座堂的一
个小礼拜堂设计了一个复杂的几何形
状的圆顶。据传，都灵裹尸布[*]就被
保存在这个小礼拜堂里。

|—————| 1642 年 |—————|—————| 1667 年 |——|

麦松府邸

威尼斯大运河：意大利威尼斯
市主要水道。沿天然水道自圣
马可教堂至圣基亚拉教堂，呈
反 S 型，把该市分为两部分。
都灵裹尸布：一块有人像面容
的麻布，尺寸约长 4.4 米、宽
1.1 米，目前保存在意大利北
部的都灵主教座堂。人面图像
可看出有胡子和及肩的头发的
影像。

圣体伞：又称天华盖，是贝尼尼为圣彼得的墓穴建造的青铜伞盖。

圣体伞

1624 年

1624 年

乔凡尼·洛伦佐·贝尼尼在位于罗马的耶稣第一门徒——圣彼得的墓穴上方建造了圣体伞*。镀金的青铜华盖矗立在圣彼得墓穴上方，呈现出戏剧般的美感。

1648 年

罗马纳沃纳广场有三个喷泉。贝尼尼设计了其中的两个
喷泉——莫罗喷泉和位于中心的四河喷泉。

1648 年

罗马纳沃纳广场

圣彼得广场

梵蒂冈 / 建于 1656 年 ~ 1667 年

乔凡尼·洛伦佐·贝尼尼
（1598 年 ~ 1680 年）

教皇亚历山大七世

在 16 世纪的宗教改革中，一部分教派脱离罗马天主教，发展成为新教教派。新教教徒极力反对天主教会的一些教规和行为。对此，天主教会通过发起反宗教改革加以回击。反击的一个方式就是在罗马建造美轮美奂的新建筑。

乔凡尼·洛伦佐·贝尼尼设计的奎琳岗圣安德肋堂

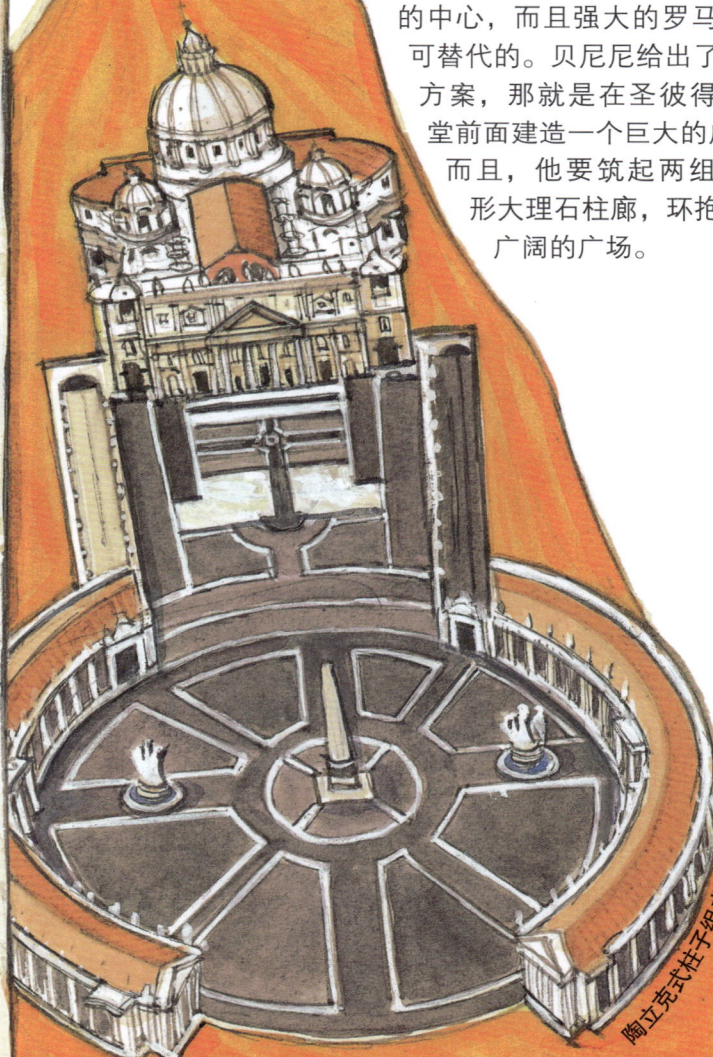

贝尼尼是佛罗伦萨一位雕塑家的儿子。他在职业生涯的后期，设计了罗马恢宏雄伟的圣彼得广场。教皇下令建造一栋伟大的建筑，目的在于彰显罗马是欧洲天主教当之无愧的中心，而且强大的罗马是无可替代的。贝尼尼给出了一个方案，那就是在圣彼得大教堂前面建造一个巨大的广场。而且，他要筑起两组半圆形大理石柱廊，环抱中间广阔的广场。

陶立克式柱子组成的柱廊

圣彼得广场

　　贝尼尼热衷于富有戏剧色彩的设计。按他的构想，广场将置于罗马城的中心，从而改善城市中心混乱的状况。首先，他将现有的建筑（比如几座教皇办公厅、一座宫殿和一座图书馆）隐藏起来，然后建造起环形的柱廊。两组柱廊由四排柱子组成，一共有三百多根陶立克式柱子林立其中。环形的柱廊将朝圣者的目光引向圣彼得大教堂。贝尼尼说，这些古典而凝重的环形柱廊就像是从教堂伸出的圣母的双臂。

　　这个巨大的椭圆形广场是罗马教廷举行大型宗教活动的地方。圣彼得广场最宽的部分直径达到200米。广场中央，矗立着一座方尖碑*。方尖碑两侧有两座造型讲究的喷泉。据说这座方尖碑来自古埃及，曾经矗立在罗马皇帝尼禄热衷的竞技场上。战车比赛进行时，战车到达方尖碑前就掉头折返。

1645 年至 1652 年，贝尼尼在胜利之后圣母堂创作了雕像《圣女大德兰*的神魂超拔*》。

贝尼尼多才多艺。他同时也是剧作家和舞台设计师。多方面的才华使其在巴洛克建筑设计中大放异彩。贝尼尼设计的教堂建筑采用大量卷曲设计、山形墙，甚至还有舞台布景中常用的羽翼造型。贝尼尼在设计建筑物时，将雕塑、绘画、建筑学完美地以一种戏剧化的形式融合在其中。

奎琳岗圣安德肋堂

卡洛·伦纳迪设计的罗马人民广场有两座"孪生姐妹教堂"——圣山圣母堂和奇迹圣母堂。这一独特的设计为罗马城增添了魅力。

1658 年   1662 年

1658 年 ~ 1670 年

贝尼尼在罗马建造了独特而炫目的奎琳岗圣安德肋堂。

圣山圣母堂和奇迹圣母堂

1663 年

贝尼尼建造了梵蒂冈使徒宫与圣彼得教堂之间的连廊。

1663 年

连廊

方尖碑：古埃及崇拜太阳的纪念碑，也是除金字塔以外，古埃及文明最富有特色的象征。方尖碑外形呈尖顶方柱状，由下而上逐渐缩小，顶端形似金字塔尖。

圣女大德兰：也称耶稣的圣德兰。她是一位杰出的西班牙神秘主义者、罗马天主教圣人、加尔默罗会修女、反宗教改革作家，通过默祷过沉思生活的神学家。她的著作《内心的堡垒》，是西班牙文艺复兴时期优秀文学作品。

神魂超拔：指宗教经验中一种非同寻常的惊愕、忘我与狂喜的感受。有时会精神恍惚，有飘浮感。

上天入地最世界

LIST

1	最神秘！黑洞不是洞
2	最炫！太空旅行指南
3	最险！载入史册的探险
4	最牛！改变历史的科学发现
5	最美！100种世界上最漂亮的树（上）
6	最美！100种世界上最漂亮的树（下）
7	最经典！改变世界的伟大著作
8	最酷！从第一个山洞到摩天大楼（上）
9	最酷！从第一个山洞到摩天大楼（下）
10	最珍贵！大英博物馆馆藏珍品

带你上天入地，开始一场疯狂探险！

全世界最炫、最酷、最美的科普人文宝藏

这里有浩瀚的太空、神秘的黑洞、风姿绰约的树木、人类从古至今的建筑奇迹。你还将踏上载入史册的探险历程，走近伟大的科学家，漫步大英博物馆，欣赏珍贵的藏品。在全世界最经典的著作中，发掘人类智慧的宝藏。

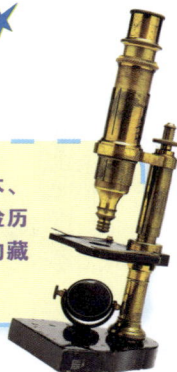

图书在版编目（CIP）数据

最酷！从第一个山洞到摩天大楼 . 上 /（英）克莱门茨著；詹静雪，朱润萍译 . — 北京：北京联合出版公司，2015.8

（上天入地最世界）

ISBN 978-7-5502-2538-1

Ⅰ.①最… Ⅱ.①克… ②詹… ③朱… Ⅲ.①建筑—少儿读物 Ⅳ.① TU-49

中国版本图书馆 CIP 数据核字（2014）第 000897 号

版权贸易合同登记号
图字：01-2014-3016

最酷！从第一个山洞到摩天大楼（上）

作　　者：〔英〕吉莉安·克莱门茨
策　　划：英特颂·阎小青
责任编辑：肖　桓
特约编辑：高勤芳　崔圆圆
封面设计：刘　剑　徐骋
美术编辑：李姗娜

北京联合出版公司出版
（北京市西城区德外大街 83 号楼 9 层　100088）
江阴金马印刷有限公司印刷
全国新华书店经销
字数 120 千字　720 毫米 × 1000 毫米　1/16　7 印张
2015 年 8 月第 1 版　2015 年 8 月第 1 次印刷
ISBN 978-7-5502-2538-1
定价：25.00 元